2021年江苏省主题出版重点出版物
2021年全国高校出版社主题出版

重现的村庄

环境治理与居民生计转型

李阳 著

中国乡村生态文明建设实践研究丛书

丛书主编 ◎ 洪大用

河海大学出版社
HOHAI UNIVERSITY PRESS
·南京·

图书在版编目(CIP)数据

重现的村庄：环境治理与居民生计转型 / 李阳著.
-- 南京：河海大学出版社，2021.12
（中国乡村生态文明建设实践研究丛书 / 洪大用主编）
ISBN 978-7-5630-7339-9

Ⅰ. ①重… Ⅱ. ①李… Ⅲ. ①农村生态环境—环境综合整治—关系—农民—生活状况—研究—中国 Ⅳ. ①X322.2②D422.7

中国版本图书馆 CIP 数据核字(2021)第 250052 号

书　　名　重现的村庄——环境治理与居民生计转型
CHONGXIAN DE CUNZHUANG——HUANJING ZHILI YU JUMIN SHENGJI ZHUANXING
书　　号　ISBN 978-7-5630-7339-9
策划编辑　朱婵玲
责任编辑　张　媛
沈　倩
特约编辑　王　敏
特约校对　吴　淼
装帧设计　独好文化
出版发行　河海大学出版社
地　　址　南京市西康路 1 号(邮编:210098)
电　　话　(025)83737852(总编室)
(025)83722833(营销部)
经　　销　江苏省新华发行集团有限公司
排　　版　南京布克文化发展有限公司
印　　刷　江苏凤凰数码印务有限公司
开　　本　787 毫米×1092 毫米　1/16
印　　张　13.25
字　　数　279 千字
版　　次　2021 年 12 月第 1 版
印　　次　2021 年 12 月第 1 次印刷
定　　价　59.00 元

总序

在河海大学出版社等各个方面的大力支持下，通过各位作者的共同努力，目前包含5本专著的“中国乡村生态文明建设实践研究丛书”即将正式出版，这是今夏潮湿闷热天气中的一缕清风，让人精神为之一振。作为丛书的主编，我觉得有必要先写几句，交代一下丛书的来龙去脉以及我在指导研究和编辑丛书过程中的体会，以方便读者审阅。

（一）

自从上个世纪90年代以来，我和我的团队围绕环境社会学做了一些研究，写了一批文章，也出版过几本书，有一点影响，但这些著作总体上是基于文献的理论研究或在抽样调查数据基础上开展的实证研究①。一直以来，我很想有机会就区域环境保护或者单项环保制度的实践开展更加深入、更接地气的案例研究，把学术之根扎进中国实践的“泥土”之中。特别是在党的十八大提出“把生态文明建设放在突出地位，融入经济建设、政治建设、文化建设、社会建设各方面和全过程，努力建设美丽中国，实现中华民族永续发展”之后，我的上述想法更为迫切。

2014年8月，我代表中国人民大学送选调生赴福建任职，得遇时任福建省委常委、宣传部部长的李书

---

① 例如《中国公众环境意识初探》（洪大用主笔，中国环境科学出版社1998年版）、《社会变迁与环境问题》（洪大用著，首都师范大学出版社2001年版）、《中国民间环保力量的成长》（洪大用等著，中国人民大学出版社2007年版）、《环境友好的社会基础》（洪大用、肖晨阳等著，中国人民大学出版社2012年版）、《生态现代化与文明转型》（洪大用、马国栋等著，中国人民大学出版社2014年版）等。

磊教授，他在交谈中说到福建省长汀县水土流失治理实践值得深入调查总结，这提示了我田野点的一个选择。在他的支持下，我很快带领龚文娟、范叶超、邓霞秋等人专程前往长汀开展预调研，后来在中国人民大学召开了专题研讨会，并在《福建日报》发表过相关文章①。当时，范叶超是一年级博士生，我就引导他把长汀县作为田野点，继续深入研究，为博士论文做准备。

与此同时，作为"四个一批"人才计划的入选者，我在2014年9月有幸获得"全国文化名家暨'四个一批'人才自主选题资助项目"的申报机会。经过认真思考，我以《中国生态文明制度建设实践与评估》为题进行了申报，计划以福建长汀、浙江安吉和河北定州(县)等作为田野点展开研究。2015年8月，我赴浙江安吉开展了预调研，后又于2017年8月带领龚文娟、童志锋、胡溢轩、郭涵潇等人开展正式调研，并引导他们开展专题研究或积累博士学位论文的资料。同样是在2015年8月，按照自主选题的设计，同时也是为了接续李景汉先生开创、郑杭生先生拓展的定县社会调查传统，完成中国人民大学的重大科研立项项目，我带领团队成员赴河北定州开展预调研(后来又去过多次)，先后有黄家亮、陆益龙等教师和李阳、刘凌、杨峥威、何钧力、郝孟哲等在读博士生参加，我也期望他们中的一些人在参与完成定县再研究总任务的同时，

---

① 洪大用:《长汀县水土流失治理实践对推进生态文明建设的理论启示》,《福建日报》,2014年11月6日。

着重围绕定县的污染治理和绿色发展开展案例研究。

2018年，河海大学陈涛副教授申请到中国人民大学开展博士后研究，希望我作为指导教师。考虑到他有很好的学术基础和比较明确的、与我课题比较一致的研究目标，我很愉快地接受了。当时，我和他交流了制度/政策实践评估的基本思路，引导他就生态文明建设制度实践评估的方法论进行研究，并选择若干类型的制度实践进行深入的案例分析。尽管后来由于研究日程的原因，特别是2020年新冠肺炎疫情的影响，陈涛博士没能完成全部研究，但是其围绕水污染治理中"河长制"实践所展开的分析是有启发性的。在考虑编辑这套丛书时，我请他对以"河长制"为主题的博士后出站报告进行了完善，也将之收入了本丛书。

这样一来，目前收入本丛书的五本著作，都是在作者博士论文写作经历或者博士后出站报告基础上撰写的[①]，大体上都是围绕中国乡村生态文明建设实践的案例分析，有区域层面的多维度研究，也有聚焦小微企业绿色转型、居民生计转型或制度创新的专题研究。作者们共同遵循着"从实求知"的学术传统，努力通过鲜活的材料、社会学的视角来揭示并反思乡村生态文明建设的实践过程。这些成果构成了我和我

① 其中，《内生之美——美丽乡村建设的核心逻辑》一书，由我草拟了初步的写作提纲，原计划基于典型案例，深入分析美丽乡村建设的理论逻辑、历史逻辑和实践逻辑，特别强调揭示典型案例中的内生力量及其作用机制，阐述其对乡村绿色发展的一般意义。后来由于公务繁杂，我未能直接参与写作，只能对胡溢轩、童志锋等人提供一些指导性建议。

的团队环境社会学研究议程的新进展，我想通过结集出版的方式与更多的同仁分享。

（二）

胡溢轩、童志锋等人所著《内生之美——美丽乡村建设的核心逻辑》，兼顾历史视角与结构视角、制度视角与实践视角，立足于工业化、城市化、城乡关系演变等时空背景，梳理了中国乡村发展政策的演变过程、内在机理以及实践逻辑，总结了乡村发展的共性规律与多样化特征。在此基础上，作者们对浙江安吉的实践进行了深度剖析，指出其核心特点在于把生态文明建设放到突出位置，统筹了经济建设、社会文化发展以及基层治理，并将美丽乡村建设作为推动乡村发展的主要载体和深度延伸。比较有价值的是，作者们关注到了案例地区与外部社会互动过程中的自主性，特别揭示了乡村发展的内生动力及其作用机制，这是“安吉模式”的内核，也是可持续的乡村建设的基础。如果没有有效的内生力量集聚并发挥作用，美丽乡村建设最终只能是无源之水、无本之木，难以持久，甚至根本就难以开始。

范叶超所著《岁岁炊烟——中国乡村的日常生活与环境变化》，是对福建长汀案例的研究，这是一本有情怀、有深度、有新意的著作，是在案例地区生态保护实践基础上的一种理论叙说。其最为突出的特点是从更加宽广的历史视野考察环境与社会关系的演变，并选取了日常生活实践视角，分析了乡村环境退化的社会根源、乡村可持续性转型的社会干预路径、乡村居民的环境行动以及网络化时代乡村发展的环境后果。由此，作者指出“乡村环境变化并非是肇始于乡村社会现代化转型的一个从外到内、从无到有的突变过程，而是植根于乡村社会内部日常生活的一个长期的、连续的渐变过程”①，日常实践的再生产与变迁构成了乡村环境变化的社会动力，解决乡村环境问题、推进生态文明建设，需要关注实践导向的环境治理模式。该研究的一个更大理论抱负是试图超越中国乡村环境变化研究的“现代化解释框架”，作者认为这一框架“无法解释前现代中国乡村环境问题，放大了乡村发展与环境保护之间的对立，未能清楚阐释乡村居民在乡村环境变化中的能动性，并且对网络化这样一个宏大社会变迁进程提出的新课题缺乏合适的理论工具来拆解”②。

刘凌所著《大趋势下的小生境——农村小微企业绿色转型的案例研究》和李阳所著《重现的村庄——环境治理与居民生计转型》，都是针对河北定县的案例研究，其共同关注的是宏观层面的绿色发展趋势和日趋严格的环境保护政策在基层实践的影响，关注生态文明建设与其他领域建设的配套和协同。其中，刘凌侧重于从小微企业入手，分析其自主适应绿色发展行为的策略、过程、机制、影响因素以及风险。作者指

---

① 参见本丛书中范叶超著：《岁岁炊烟——中国乡村的日常生活与环境变化》，第176页。

② 参见本丛书中范叶超著：《岁岁炊烟——中国乡村的日常生活与环境变化》，第177页。

出，农村小微企业因应发展环境变化而自觉适度地调整其环境行为，创建了能在一定程度上既适应管制性环境政策又保证自身生存的小生境，推动了绿色转型取得阶段性进展。但是，由于反向驱动作用的存在，以及企业生存发展目标与环保改造目标之间存在一定程度的对立，环境政策的执行效果受到了约束，与预期的转型目标仍然存在距离。李阳的著作则聚焦于与居民生计密切相关的“散乱污企业”治理议题，关注“施害者兼受害者”这一主体参与环境治理的现实逻辑，分析了居民替代性生计方案的设计和实施、环境治理成本的合理分担、村庄原有权力结构和乡土关系等在促进环境治理中的作用，初步揭示了环境治理实践中的公平认知、表达及其实现机制。

前文已述，以上针对福建长汀、浙江安吉和河北定州的案例研究，是遵循我主持的课题研究计划开展的。我之所以选择这样三个案例点，除了机缘的因素之外，更多地是考虑到其各自的代表性。大体而言，三个案例点在经济社会发展水平、面临的环境问题类型、区域资源禀赋以及社会文化条件等方面都是有很大差异的。福建长汀的水土流失问题由来已久，其治理在最近的几十年中取得了显著进展，这是通过追求生态美以实现百姓富的一个典型案例；浙江安吉是经历环境污染、生态破坏之后，痛定思痛，利用区位优势和内生资源把绿水青山变成金山银山的一个典型案例；河北定州则是在快速工业化城市化进程中，不得不同时控制环境污染、谋求绿色发展的一个典型案例。我以为，对这三个案例的深入研究，可以更好、更全面地呈现中国乡村生态文明建设的多样化实践，揭示不同地区推进生态文明建设的个性与共性。与此同时，以上初步的研究成果也提示了我们不断拓展中国乡村生态文明建设研究视角的重要性。

我在指导上述三个案例研究的过程中，曾以不同形式对各位作者强调过以下几种视角，我认为运用好这些视角是很重要的。首先是历史视角。毫无疑问，环境与社会的关系是动态的、变化的，也是连续的，不同社会形态下的环境问题有不同的表现但也有彼此间的联系，只有把当下环境与社会的关系放在历史演变和发展的脉络中考察，才能得出更加科学合理的认识。其次是开放视角。当代乡村已经不是自给自足的封闭体系，而是更大范围体系的组成部分，甚至是全球体系的一个单元，是一个对外开放的系统。因此，分析乡村环境与社会的关系，必须关注乡村与外部社会的各种联系，包括人口的、环境的、经济的、技术的、信息的、政治的以及文化价值等方面的联系，没有对这些联系的认真研究就难以准确把握特定乡村环境与社会关系的实质。再次是整体视角。环境领域是与社会的各个方面密切关联的，要把一个地区的环境与资源、经济、社会、政治和文化等子系统综合起来考察，把环境保护制度与其他各项社会制度安排统筹考虑，不能孤立地看待和推进环境保护。第四是实践视角。也就是要一切从实际出发，关注环保制度/政策在复杂社会关系中的实践过程和效果，关注普遍性制度设计在实践中的再创造和变异，努力发展兼具共性与特色的最适切的制度，不能只局限于文本的分析、教条主义做法和简单的价值倡导。第五是辩证视角。要认识到社会中各种因素与环境关联的客观必然性，一分为二地看待社会中各种破坏或者促进环境保护的因素，不要简单地贴标签，而应实事求是地引导、转化或者预防，最大程度地发挥各种因素的积极作用，凝聚促进环境保护的最大力量。如此，我们才能在科学认识环境与社会关系、把握环境制度/政策实践的基础上，更有针对性、更加有效地推进乡村生态文明建设。

需要指出的是，陈涛所著《河流的承包——河长制的地方试验及其创新扩散研究》，并非是针对我所计划的三个案例点的研究，但是仍然属于该课题的一个有机组成部分，即对生态文明建设的制度/政策进行评估。党的十八大以来，特别强调了健全制度体系，为生态文明建设提供强有力的支撑。“河长制”无疑是生态文明建设制度的重要内容之一，这项制度的创造和推广，对于我国城乡生态文明建设都产生了很大影响。陈涛的著作基于田野调查和文献资料、网络资源等，对“河长制”的起源、创新背景及其扩散过程进行了比较深入的分析，同时也考察、检讨了该制度在推广过程中的一些变异现象，讨论了其有效发挥作用的基础原理和科学机制，强调了田野调查和对地方社会的“理解”在制度实践分析中的重要性。我相信，这类研究对于今后进一步考察乡村生态文明建设的制度创新和实践是有一定启发意义的。

(三)

毫无疑问，以上几本著作的完成是非常不容易的，对于初学者而言，尤其如此。尽管在研究一开始，我就努力与主要作者交流项目的整体设计，商量明确研究方向、调研地点、材料搜集范围和注意事项等，特别是在浙江安吉调研时曾经提出田野调查的八项要点：胸怀大局、有备而来、走村串户、“擒贼擒王”、顺藤摸瓜、眼脑并用、勤能补拙、团结协作，以此指导他们科学开展调查研究。同时，我也尽可能地与大家一起参加调研或者提供各种必要的支持。但是，研究者真正开展田野工作，各种困难常常还是预想不到的。长时间驻村入户，学会独自生活，克服语言障碍和家庭生活等方面的各种难题，这些倒不是主要的，最重要的是发现问题、分析问题的过程，往往是很痛苦的，我时常能够从他们的迷茫、困惑和吐槽中体会到这一点。

事实上，问题意识是科学研究的前提和基础，发现问题、提出问题、分析问题的能力在很大程度上决定了一项研究的质量。我在多年教学实践中发现，至少有三个方面的因素制约了学生问题意识的养成：一是越来越多的学生缺少社会经历，缺乏社会感，他们往往从学校到学校，在读书过程中“两耳不闻窗外事”，对于身处其中的社会现实缺乏必要的理解，其受教育的过程在一定意义上脱嵌于社会过程；二是信息技术的快速发展在很大程度上改变了学生认知和理解社会的方式，他们的想象能力得到拓展，但是也有使自己满足于、安身于、建构于虚拟世界的倾向，与现实世界有所脱节，甚至以虚拟替代现实；三是一些教师非常强调在学术发展的脉络中提出问题，而社会学是一门外来学科，一些教师指导学生读了不少书，养成了学生从概念到概念、从理论到理论的思维方式，这种训练对于知识传承无疑是重要的，但是弱于知识发展。这种模式下训练出来的学生，问题意识是有的，但是往往与中国实际相脱节，至少是存在一定的隔膜。实际上，问题源于实践，学术发展中的问题也不例外。只有参透问题的本质，直面鲜活的实践，并与实践中的人们深入交流，我们才能提出真问题、开展真研究。古人说“世事洞明皆学问，人情练达即文章”，这是很有道理的。对于社会科学研究者而言，具有真切的社会感，从社会自身提出研究问题，是走向成功的关键。从各位作者完成的研究看，他们在形成科学的问题意识方面得到了一定的锤炼。

我在指导作者们开展研究时常常遭遇的另一个问题是他们对于“理论”的纠结和迷茫。有些作者反映，他们面对看到的社会现象、搜集到的研究资料，总是找不到合适的“理论视角”，而一些专家在评阅其研究成果时往往也会提出诸如理论视角不够清晰、理论提炼不够深入、理论与材料“两张皮”之类的意见。这里至少反映出两个方面的问题：一是研究者对于“理论”的误读，把“理论”过于抽象化、神圣化。事实上，理论的本质是论理，是符合逻辑地讲道理，是用这种方式揭示现象背后的规律性，代表着超越感性认识的理性认识和超越特殊的一般表达。理论形成的过程就是通过比较、求同、析异、推理、概括（概念化、形成命题）等方式而不断去粗取精、去伪存真、接近真理的过程，这是任何研究的一个自然过程。因此，所谓"理论"的困境不过是研究不深入、不细致的一种表现而已。二是我们有些教师在教学过程中存在着过于强调既有理论知识的学习、把理论学习当作理论建构的倾向，对于理论的本质以及不同理论背后的观念、思想揭示不够，对于理论与实际相结合强调不够，对于理论思维和理论建构方法的训练不够，这样讲授的社会学理论，学生学得再多、背得再熟、考得再好，也是不会实际运用的，至于创造和建构新理论的能力，则更是罕有。我们的理论教学需要适当的专门课程，但是专门到了与实践脱节的程度，就很难真正训练出学生的理论思维和理论能力了。所以，我总是鼓励研究者，到实践中去，把事情弄明白，把话说清楚，遵循论理的规则，努力超越特殊达成一般的认识，这就是理论思维的训练，就是朝着理论建构的努力。简单地拿着本本、教条去翻检研究所需的"理论视角"，这种偷懒的做法可能是方法上的误读和程序上的颠倒，实际上对理论创新和发展有很大的限制，对研究成果的质量也必然构成一种制约。我想，本丛书的作者们在研究实践中应该对此有所感悟。

收入本丛书的几本著作，都是针对当下中国生态文明建设实践的，体现了鲜明的实践导向，这也是我长期坚持的指导学生开展研究的一种导向。从我指导第一篇硕士学位论文开始，我的绝大多数学生论文选题都是围绕中国现代化实践中各种现实议题的。实践观点是马克思主义的基本观点，是马克思主义社会研究的出发点和落脚点。马克思主义的唯物史观认为“全部社会生活在本质上是实践的。凡是把理论引向神秘主义去的神秘东西，都能在人的实践中以及对这种实践的理解中得到合理的解决”[①]。我一直认为，一切从实际出发，理论联系实际，实事求是，知行合一，学以致用，是研究者所应坚持的基本立场。一百年来，中国共产党领导中国人民在革命、建设、改革和奋进新时代的实践中作出了伟大创造，“推动物质文明、政治文明、精神文明、社会文明、生态文明协调发展，创造了中国式现代化新道路，创造了人类文明新形态”[②]。但是相对而言，我们知识界对这种伟大创造的理论认识、总结和传播还不够，突出体现在中国特色哲学社会科学话语体系的世界影响力还不够。这当中，一个非常重要的原因就是哲学社会科学研究的实践导向还不够有力，以我们正在做的事情为中心开展学术研究的意识还不够强，面向实践的研究成果

---

① 马克思：《关于费尔巴哈的提纲》，载《马克思恩格斯选集（第一卷）》，中共中央马克思恩格斯列宁斯大林著作编译局编译，第135-136页，人民出版社2012年版。

② 习近平：《在庆祝中国共产党成立100周年大会上的讲话》（2021年7月1日），新华社北京7月1日电。

水平还不够高，往往是知识复制、传播胜于知识创造。应该说，中国社会学有着相对突出的主体意识，有着重视实践、从实求知的优良传统，并发展出一系列观察、分析中国社会现象的理论、方法和技术，很多优秀的社会学家都以研究和解决中国实际问题为己任，并在这种工作中成就了自己的事业。我们有责任传承并发扬光大中国社会学的优良传统，在面向实践、服务实践、创新实践中不断发展中国社会学。当然，这本身也就意味着实践导向的社会学并不完全等同于解决问题的社会学，它在研究和解决实际问题的过程中也努力发展出具有一般意义的理论、知识和方法，推动社会学学科体系、学术体系和话语体系的发展，不断扩大中国社会学的国际影响力。

问题意识、理论思维和实践导向，是研究者在研究实践中不断提升的综合素养，几乎没有人能够一开始就做得很好，但是需要有持之以恒的自觉行动。我感到比较欣慰的是，参与本丛书写作的各位作者，都体现了比较自觉的努力，他们的成果是中国环境社会学研究最新进展的组成部分。不过，他们的著作还是练习之作，在崭露头角的同时还略显青涩，是与同行交流、彼此互鉴的一个靶子。各位作者在书中也就其不足与缺陷做了相应说明，欢迎读者们不吝批评指正，以便日臻完善。客观而言，诸如研究问题不够聚焦、分析视野不够宽阔、材料组织不够精炼、理论思维不够细致、论证过程不够严谨、观点提炼不够到位、学术对话不够充分等不足，在不同作者的写作中确有这样那样的体现，特别是有的著作仍有比较大的持续改进空间。至于作者们的研究成果对于实践的服务和指导作用，尚待观察。这里情况很复杂，既取决于相关研究发现的政策适切性，也取决于成果转化的实际过程，需要靠时间和实践来不断检验。但是，我相信学术研究是一种修行，只要自信自省、持之以恒，日积月累必有精进，必能学以致用造福社会。

(四)

江山代“须”才人出。一代人有一代人的使命和责任，中国环境社会学的未来发展需要更多年轻人脱颖而出。自从上个世纪 90 年代中期中国环境社会学的学科意识萌生以来，在中国社会学会的大力支持下，通过全国各相关教学科研单位同仁的共同努力，中国环境社会学快速发展，在中国社会学共同体中的地位日益巩固、影响不断扩大。但是，整体上看，中国环境社会学还是比较弱小的分支学科，相比于中国社会学共同体的快速发展、中国特色社会主义新时代的要求和快速推进的生态文明建设实践，还有很大差距。我衷心期望越来越多的年轻人奋发有为，拥抱中国环境社会学的新时代，创造中国环境社会学的新时代，在推动学科高质量发展中成就自己的事业，服务于党和国家事业发展的需要。

中国环境社会学的新时代是我们面对着更加充分的环保社会共识的时代。党的十九大提出，“中国特色社会主义进入新时代，我国社会主要矛盾已经转化为人民日益增长的美好生活需要和不平衡不充分的发展之间的矛盾”，“人民美好生活需要日益广泛，不仅对物质文化生活提出了更高要求，而且在民主、法治、公平、正义、安全、环境等方面的要求日益增长”[①]。从不断普及的环境知识、不断强化的环境保护意识、不断提高的环境质量要求、不断增加的环境维权和风险规避行动、日渐普遍的自觉环保行为、日趋活跃的民间环保团体等方面看，更大力度、更加有效地加强环境保护、推进生态文明建设，为人民群众创造更多优质的生态产品和更加舒适的生活环境，已经有了更加广泛的社会共识，由此也更加凸显出加强中国环境社会学研究的迫切性和重要性。

中国环境社会学的新时代是我们面对着更加充分的环保政治共识的时代。可以说，党和国家一直重视推进环境保护，但是今天有着更加高远的战略站位、清晰的“人与自然生命共同体”意识、系统的生态文明思想指导、坚定的“人与自然和谐共生的现代化”导向、明确的工作目标规划、扎实的系列制度建设和有力的持续推进举措。党的十八大以来，在习近平生态文明思想指引下，生态文明建设放在了关乎党和国家事业发展、人民福祉与引领文明发展新方向的更加突出的地位，越来越深入地融入经济建设、政治建设、文化建设、社会建设各方面和全过程，成为中国特色

---

① 习近平：《决胜全面建成小康社会，夺取新时代中国特色社会主义伟大胜利——在中国共产党第十九次全国代表大会上的报告》，参见中国政府网：http://www.gov.cn/zhuanti/2017-10/27/content_5234876.htm。

社会主义事业总体布局的有机组成部分。随着政治共识的深入贯彻，各级党委和政府，各个部门，各条战线，都前所未有地重视推进生态文明建设，习近平生态文明思想正在全国各地落地生根、开花结果，这是中国环境社会学最为鲜活、最为丰富的研究对象。

中国环境社会学的新时代是我们面对着环保政策设计更加重视环境社会治理的时代，这是体现出新的环保政策共识的时代。十八届三中全会提出国家治理现代化的命题之后，驱动了各条战线、各个领域的治理变革。十八届五中全会通过的《中共中央关于制定国民经济和社会发展第十三个五年规划的建议》明确提出要"以提高环境质量为核心，实行最严格的环境保护制度，形成政府、企业、公众共治的环境治理体系"。党的十九大报告提出"坚持全民共治、源头防治"，"构建政府为主导、企业为主体、社会组织和公众共同参与的环境治理体系"。2020年，中办、国办联合印发《关于构建现代环境治理体系的指导意见》，进一步明确提出了"构建党委领导、政府主导、企业主体、社会组织和公众共同参与的现代环境治理体系"，"到2025年，建立健全环境治理的领导责任体系、企业责任体系、全民行动体系、监管体系、市场体系、信用体系、法律法规政策体系"，"形成全社会共同推进环境治理的良好格局"。显然，在持续推进国家治理现代化的进程中，环境治理体系的现代化越来越多、越来越深地包括了社会治理的内涵，出现了新的政策共识。这已经催生了相关的一些研究和专业组织，集聚了一些专业人才，形成了初步的政策路线图和工作重点。我想，环境社会治理是中国环境社会学理应作出贡献的重要领域。

最后，中国环境社会学的新时代也是我们在已有学科发展基础上阔步迈向环境社会学高质量发展的时代。回顾过去二十多年，中国环境社会学在学术组织建立、学术交流制度建设、专业研究机构建设、科学研究、人才培养、社会服务、国际交流等多个方面都取得了不错的成绩，从事环境社会学教学与研究的人越来越多，科研成果发表的数量和质量不断提升，研究领域不断拓展和深化，奠定了进一步发展的良好基础。面对新形势新需求新挑战，继续加快发展中国环境社会学的意义不言而喻，条件和机会也是显而易见的，当下最关键的是要强化质量意识，不断推进中国环境社会学的高质量发展，不断提升中国环境社会学服务支撑生态文明建设实践的能力。这就要求我们在继续深化环境社会学基础理论与方法研究的基础上，更加深入地扎根中国生态文明建设实践，坚持以人民为中心的立场，保持建设性反思精神，扎实工作，深入交流，在互鉴互学中共同进步。特别是，我们期望广大青年学者能够勇担使命，严于自律，快速成长，争做中国环境社会学高质量发展新时代的主力军。

（五）

行文至此，作为一篇序言，似乎已经有些冗长了，该收尾了。我想，读者如果能够耐住性子读完，应该会对本丛书的来历，以及编辑出版本丛书的初衷、考虑和体会等方面有所了解。其中，我在指导研究过程中的一些感悟、想法，如果能够引起读者的一些共鸣，或者激发出读者进一步开展环境社会学研究的兴趣，推出更高质量的研究成果，那我就倍感欣慰了。

最后，我要感谢各个方面为我们团队开展调查研究所提供的宝贵支持，特别是要感谢福建省龙岩市委宣传部和长汀县的有关同志，感谢浙江湖州市和安吉县有关部门的同志，感谢河北定州市委市政府和有关部门的同志。我还要感谢“全国文化名家暨‘四个一批’人才自主选题资助项目”和中国人民大学科学研究重大规划项目“中国农村社会变迁与治理转型——河北定县农村百年演变的调查研究”的立项支持，本丛书也是这些项目实施的成果之一。本丛书能够顺利出版，得益于各位作者的积极工作，得益于江苏省委宣传部的大力支持，在此一并致谢！

中国人民大学
社会学理论与方法研究中心教授 洪大用

2021 年 8 月 13 日于北京

目录

第一章 | 导论 …… 001

第一节 复合型环境问题及其社会特征 …… 003

一、复合型环境挑战 …… 003

二、环境问题的社会特征 …… 004

第二节 环境治理阶段及复合型治理 …… 006

第三节 “散乱污”作为环境治理重点 …… 008

一、“散乱污”治理的现实背景 …… 008

二、涉塑“散乱污”的问题建构 …… 012

三、“散乱污”企业的独特属性 …… 016

第二章 | 文献综述与理论视角 …… 019

第一节 文献综述 …… 021

一、环境治理研究回顾 …… 021

二、企业环境行为研究回顾 …… 025

三、农民生计研究回顾 …… 027

四、塑料垃圾治理研究回顾 …… 030

第二节 理论资源与分析视角 …… 033

一、社会转型理论 …… 033

二、复合型环境治理 …… 036

第三节 概念界定 …… 040

一、“散乱污”企业 …… 040

二、环境治理 …… 040

三、生计转型 …… 041
四、环境公平 …… 043

第三章 | 研究方法与研究问题 …… 045

第一节　调查点的选择与进入 …… 047
一、调查点选择 …… 047
二、调查点进入 …… 050
三、调查点概况 …… 051
第二节　资料收集与分析 …… 056
一、焦点与抽样 …… 056
二、资料收集 …… 061
三、资料分析 …… 064
第三节　研究问题:环境治理何以有效? …… 067
一、选题依据 …… 067
二、研究问题 …… 068
三、研究框架 …… 068

第四章 | “散乱污”治理及其公平意涵 …… 071

第一节　治理方式变迁 …… 073
一、早期运动式治理 …… 074
二、常态化治理的初步探索 …… 075
三、依靠领导能力的治理 …… 077
四、实施网格化管理 …… 078
第二节　“退村入园”的治理实践 …… 082
一、再生资源产业园区概况 …… 083
二、园区项目的动员与推进 …… 085
三、现状与问题 …… 086
第三节　治理过程对于从业村民的影响 …… 090
一、前期治理的成本影响 …… 090
二、后期治理的成本分担 …… 092

三、环境治理的公平维度……………………………………………………… 093

第五章 | 生计方式及其环境后果 ………………………………………… 095

第一节 环境变化与生计变迁 ……………………………………………… 097
一、古代定州的生计概况………………………………………………… 097
二、富饶美丽的河畔古村………………………………………………… 098
三、加工废旧塑料的村庄………………………………………………… 100
四、退村入园与生计转型………………………………………………… 103
第二节 生计对村民生活的嵌入 ………………………………………… 108
一、生计方式与劳动想象………………………………………………… 108
二、生计方式与婚嫁……………………………………………………… 109
三、生计方式与社会交往………………………………………………… 110
第三节 生计转型提升治理成效 ………………………………………… 114
一、村庄环境的有效改善………………………………………………… 114
二、村民角色的转变……………………………………………………… 117

第六章 | 生计转型的实践过程 ………………………………………… 119

第一节 推动生计转型的主体 …………………………………………… 121
一、环保局的治理实践…………………………………………………… 122
二、乡镇的治理实践……………………………………………………… 125
三、村委的治理实践……………………………………………………… 128
四、多元主体的治理实践………………………………………………… 130
第二节 多元主体的象征意义 …………………………………………… 132
一、权威与合法性………………………………………………………… 133
二、情理与现实性………………………………………………………… 135
三、认知与亲信力………………………………………………………… 138
第三节 治理者的人物素描 ……………………………………………… 140
一、环保局工作者………………………………………………………… 140
二、乡镇干部……………………………………………………………… 141
三、村两委干部…………………………………………………………… 143

第七章 | 结论与反思 …… 145

第一节 研究发现 …… 147

一、生计安排对于环境治理的影响 …… 147

二、环境治理的环境公平维度 …… 148

三、促进生计转型的有效机制 …… 149

第二节 政策建议 …… 151

一、从改变性治理到替代性治理 …… 151

二、注重探索复合型治理的实现路径 …… 152

第三节 创新与不足 …… 153

参考文献 …… 155

附 录 …… 169

附录 1 村民访谈提纲 …… 171

附录 2 企业调查问卷 …… 174

附录 3 主要访谈对象基本情况 …… 177

后 记 …… 180

图表索引

图 2-1　企业环境行为研究中各因素交互关系图…………………………… 026
表 2-1　国家政策供给对乡村生计实践的长期影响……………………………… 028
表 2-2　中国社会转型在不同时期的表现……………………………………… 035
图 2-2　生计方式类型图……………………………………………………… 042
图 3-1　废旧塑料加工-加热出粒环节 ………………………………………… 049
图 3-2　定州市秋季重污染天气图…………………………………………… 049
表 3-1　2016 年定州市农民家庭收入水平（N=1 146） ……………………… 052
表 3-2　2016 年定州市农民家庭收入结构（N=1 146） ……………………… 052
图 3-3　村庄景观……………………………………………………………… 057
图 3-4　定州市大气污染防治宣传车………………………………………… 058
表 3-3　调查各阶段的主题与方法…………………………………………… 062
表 3-4　编码表………………………………………………………………… 065
图 3-5　本研究框架图………………………………………………………… 069
表 4-1　塑料行业“散乱污”治理的阶段………………………………………… 074
图 4-1　生产加工区的塑料再生产工艺流程及污染产生情况……………… 084
表 4-2　环境保护财政支出情况表…………………………………………… 091
表 5-1　主要农作物结构表…………………………………………………… 099
图 5-1　从事旧鞋清洗工作的农户家庭……………………………………… 105
图 5-2　村庄从事制鞋相关工作的标识……………………………………… 105
图 5-3　村民分家协议书……………………………………………………… 111
图 5-4　被认为“会过日子”的村民使用的扫帚………………………………… 112
图 5-5　产业园区建立前的村庄图景………………………………………… 114
图 5-6　废旧塑料交易市场原貌……………………………………………… 115
图 5-7　产业园区正门………………………………………………………… 116

图 5-8　园区标准化厂房……………………………………………………… 116
图 5-9　再生资源产业园区建立后的村庄风貌……………………………… 116
图 6-1　村庄内的变压器……………………………………………………… 131

第一章 导论

党的十八大将生态文明建设纳入"五位一体"总体布局，谋划开展了一系列根本性、长远性、开创性工作，推动生态文明建设和生态环境保护从实践到认识发生了历史性、转折性、全局性变化[①]。面对当前严峻的生态环境形势，中国政府"明确把生态环境保护摆在更加突出的位置"[②]，"实行最严格的生态环境保护制度"[③]，展开了诸多行之有效的治理实践，例如重点污染源企业在线监控、重污染天气错峰生产、清洁能源改造等。

但是，在环境治理的"攻坚期"，仍然存在一些顽疾有待解决，"散乱污"企业就是其中的典型。主要体现在体量庞大——仅"2＋26"城市排查的"散乱污"企业数量就高达 17.6 万家[④]；污染严重——京津冀地区"散乱污"企业治理对该区域 $PM_{2.5}$ 浓度下降贡献率达 30％[⑤]；隐蔽性强——"散乱污"企业大多散布在城郊地区，具有较强的隐蔽性和灵活性，治理成本较高；社会关注度高——"散乱污"企业的从业者人数众多且大多以此为生，治理行为

---

① 人民日报评论员，《坚决打好污染防治攻坚战——三论学习贯彻习近平总书记全国生态环境保护大会重要讲话》，检索时间：2018 年 5 月 21 日，新华网，http://www.xinhuanet.com//2018-05/21/c_1122865707.htm。

② 习近平，《习近平报道专集——生态环境保护多重要，听习近平怎么说》，检索时间：2018 年 5 月 21 日，新华网，http://www.xinhuanet.com/politics/xxjxs/2018-05/17/c_1122844380.htm。

③ 习近平，《习近平报道专集——生态环境保护多重要，听习近平怎么说》，检索时间：2018 年 5 月 21 日，新华网，http://www.xinhuanet.com/politics/xxjxs/2018-05/17/c_1122844380.htm。

④ 生态环境部，《环境时评|人民日报：零容忍整治"散乱污"》，检索时间：2017 年 8 月 9 日，生态环境部微信公众号，https://mp.weixin.qq.com/s/i1-J6v8QxI7dZCao0OfXLA。

⑤ 生态环境部，《环境保护部召开京津冀及周边地区"散乱污"企业整治暨秋冬季大气污染综合治理攻坚阶段总结现场会》，检索时间：2017 年 11 月 23 日，中华人民共和国中央人民政府网站，http://www.gov.cn/xinwen/2017-11/23/content_5241742.htm。

带来的民生问题引发了社会热议，生态环境部对此作出回应[①]。面对这一困境，有必要从社会学视角对“散乱污”治理进行学术研究。

将一个案例置于它所处的时代背景与社会结构中加以分析是社会学研究的传统。了解废旧塑料行业治理所处的社会背景，有助于理解这一问题如何形成、何以被提上议程、遭遇到何种困境以及如何解决。具体而言，认识当代环境问题的总体概况有助于理解为何要对人们赖以谋生的产业进行治理，认识环境问题的社会特征有助于理解为何开展了多年的治理行动却一度无从解决这一问题，认识我国环境治理的发展阶段有助于从历史发展的脉络中分析这一治理行为的历程和未来走向。

---

① 生态环境部，《围剿“散乱污”，会砸了百姓的饭碗吗?》，检索时间：2017 年 6 月 5 日，生态环境部微信公众号，https://mp.weixin.qq.com/s/Q-3ncA4XRTqXbJ21NM6mJg。

第一节
复合型环境问题及其社会特征

一、复合型环境挑战

随着我国工业化、城镇化、现代化的深入推进，新的生态环境问题不断产生，长期累积的环境问题日益凸显。虽然早在 1974 年我国政府就提出了“五年控制、十年基本解决”的环境治理目标，但新问题的产生速度和环境恶化速度一度超过环境治理的速度，因而出现“边治理、边衰退”的情况（洪大用，2008）。

2006 年国家环境保护总局局长周生贤指出环境形势的“三个高峰”：环境污染最严重的时期已经到来；突发性环境事件进入高发期；群体性环境事件呈迅速上升趋势，污染问题成为影响社会稳定的“导火索”（李世东，2006）。时至今日，“经过三十多年快速发展积累下来的环境问题进入了高强度频发阶段”①。

生态环境部 2019 年 5 月 22 日发布的《2018 中国生态环境状况公报》②，一方面显示出环境问题仍然是当前亟待解决的时代课题，另一方面体现出当前环境问题的复合性。

首先，大气污染的整体性更为明显、曝光度更高，是当前环境治理的重中之重。2015 年底京津冀及周边地区多次出现大范围连续雾霾天气，影响范围大、持续时间长、污染程度重，引起全国人民乃至国际社会的高度关注。在此背景下，国家加大了大气污染防治力度，2018 年达标城市百分比已经较 2017 年上升了 6.5 个百分点。尽管如此，大气污染问题依然不容忽视，2018 年全国 338 个地级及以上城市中，217 个城市环境空气质量超标，占全部城市数的 64.2%；从 338 个城市的平均优良天数来看，2018 年平均超标天数

① 习近平，《在十八届中央政治局常委会议上关于上一季度经济形势的讲话》，检索时间：2016 年 11 月 29 日，中国共产党新闻网，http://theory.people.com.cn/n1/2016/1129/c408256-28906304.html。

② 生态环境部，《2018 中国生态环境状况公报》，检索时间：2019 年 6 月 1 日，中华人民共和国生态环境部网站，http://www.mee.gov.cn/hjzl/zghjzkgb/lnzghjzkgb/201905/P020190529498836519607.pdf。

比例为20.7%，338个城市发生重度污染1 899天次、严重污染822天次，主要污染物为$PM_{2.5}$、PM_{10}、O_3、NO_2和SO_2。

其次，水污染持续存在。长江、黄河、珠江、松花江、淮河、海河、辽河七大流域和浙闽片河流、西北诸河监测的1 616个水质断面中，一类水质仅占5.0%，二类占42.9%，三类占26.3%，四类占14.4%，五类占4.5%，比五类水质更差的劣五类占6.9%。其中，海河和辽河流域为中度污染，黄河、松花江、淮河流域为轻度污染。主要湖泊中，巢湖为中度污染，太湖、滇池为轻度污染。

再次，各类自然灾害均有发生。24个省份454条河流发生超警戒水位以上洪水，24条河流发生超历史洪水；内蒙古东部、东北中部和南部出现春夏连旱，江汉、江南、江淮等地出现阶段性干旱，北京发生秋冬春连旱；西北太平洋和南海共有29个台风生成；大风、冰雹、龙卷风、雷电等局地强对流天气发生43次。地震灾害、地质灾害、海洋灾害、森林灾害、草原灾害都有发生。

最后，能源消费总量持续上升。2018年全国能源消费总量比2017年增长3.3%。其中，煤炭消费量增长1.0%，原油消费量增长6.5%，天然气消费量增长17.7%，电力消费量增长8.5%。煤炭消费量占能源消费总量的59.0%。

以上数据显示出中国当前环境状况的“复合型”特征，这体现在空间上的普遍性——从天空到陆地、从陆地到海洋、从地上到地下、从城市到农村；时间上的叠加性——前工业化时期、工业化时期和后工业化时期的环境问题叠加出现，比发达国家分阶段出现的问题更为严峻；环境诉求的多样性——各个地区、部门、行业、人群的环境诉求不尽相同；国内环境压力与全球环境压力复合并存（洪大用，2016）。

二、环境问题的社会特征

环境问题具有社会属性①，已经成为学界的共识。洪大用提出，环境问题不仅仅是人与自然的矛盾，更是人与人之间关系的失调，后者正在进一步加剧环境问题的扩散（洪大用，2001b：8）。他将20世纪90年代末环境问题的社会特征归纳为八个方面：第一，随着社会转型的不断推进，环境问题日趋严重；第二，环境问题越来越表现为人与人之间的矛盾；第三，随着居民生活水平的提高，生活污染日益严重；第四，城市环境问题受到高度重视并在局部有所缓解；第五，农村环境问题日益加重；第六，环境问题与贫困问题形成恶性循环；第七，公众环境意识水平低下；第八，环境问题与其他社会问题交叉，解决难度

① 意指环境问题不仅仅表现在物理层面的资源供给、空间承载、污染处理，也与经济社会活动密切相关，具有社会特征。

日益加大(洪大用,1999)。

近三十年来,新的环境问题不断产生,环境治理也发生了巨大的变化,但这八个方面对认识和理解当今的环境问题仍然具有现实意义,为分析当前环境问题的社会特征提供了认识框架和分析维度。

首先,环境污染与生活体验。几乎一切人类社会活动都会对环境产生影响,反过来环境的治理也与人们生活的各个方面息息相关,比如选择何种方式出行、使用何种能源做饭照明、采用哪些方法处理生活垃圾等。而民生问题在很大程度上影响着人们对政府的评价。

其次,环境污染与贫困。在一些贫困地区,人们赖以生存的生计方式对生态环境的污染极其严重。有学者研究发现,“癌症村”人们的发病率除了与个人的生活饮食习惯、职业有关,从区域上看,也与经济发展水平密切相关。大部分“癌症村”人均 GDP 水平较低,即“癌症村”在经济发展水平较低的地区更易出现且较为严重,这反映了越是相对落后的地区,对经济利益的诉求越强烈,由环境污染引发的健康问题也越严重(刘同山,2016)。

最后,环境污染与环境认知。环境认知是人们对环境相关问题的认识。洪大用指出,环境认知包括五个方面的基本内涵:对直接环境状况的认知、对待环境变化的态度、对于环境治理策略的选择意向、对环境治理的社会经济影响的判断,以及对待人类社会与自然环境关系的整体态度(洪大用,2016)。当人们意识到环境意识对环境保护的作用时,学者从探索测量环境意识水平开始,关注整体环境意识的变化趋势,并致力于提高人们的环境意识。现今,经过环境问题的集中爆发、环保力度不断加大,环境意识普遍提高,几乎所有人都认识到环境保护的必要性,至少是正确性。但是,不同群体的环境认知内涵具有较大差异,这种差异性是当前环境问题社会特征的重要组成部分。

第二节
环境治理阶段及复合型治理

我国的环境治理开始于 20 世纪 70 年代初(曲格平,1993;洪大用,2008;张坤民,2010),以 1973 年国务院召开第一次环境保护会议为开端[①]。朱庚申、张坤民、董海军、周生贤等学者对环境治理的阶段划分具有不同主张。

朱庚申将环境治理的前三十年[②]划分为三个阶段,1973 年至 1983 年为起步阶段,这一阶段实现了对环境问题认识的转变,实现了环境管理思想的转变,建立了国家和省级两级环境管理机构及“老三项”环境管理制度;开展了以水污染治理为内容的重点污染源调查。1984 年至 1996 年为环境治理的发展阶段,这一阶段在理论上进行突破和创新,确立了一套管理方针和制度政策,继而进入从理论向实践过渡的时期。1996 年至 2002 年是深化阶段,这一时期在战略、体制、指导思想等方面进行了重大改革,从污染防治转向防污与生态保护并重,提出可持续发展战略,要求党政一把手对环境“亲自抓、负总责”(朱庚申,2002:369-375)。这一阶段划分方式勾勒出“思想认识—制度实践—战略改革”的发展主线。

张坤民以党的十一届三中全会为标志,将 1973 年至 2009 年的环境治理划分为两个阶段进行分析:1973—1978 年是我国当代环境保护事业的起步阶段,主要成果为环境管理机构的建立、长远规划和年度计划的提出,“三同时”制度的形成,环保纳入《中华人民共和国宪法》,第一次以党中央名义对环保工作作出指示;1979—2009 年是环境保护事业的发展阶段,环保成为现代化建设的战略任务和基本国策,环境法律法规与管理制度不断完善,提出科学发展观和生态文明建设(张坤民,2010)。这一阶段划分方式以改革开放为分界点,梳理了前后两个时期环境保护实践的主要成果。

董海军等人对环境治理的划分更具社会学特征,分为中华人民共和国成立初期的

① 有的学者将 1972 年联合国召开的第一次人类环境会议作为我国环境治理的开端,此处采用环境保护部(现为生态环境部)官方表述。

② 由于著作出版于 2002 年,因此仅对前五次环境保护会议和环境治理的前三十年进行阶段划分。

运动式治理、运动发展时期的治理倒退、世界影响下的应激开拓式治理、体制结构制约下的背离式治理与公众参与下的倒逼式治理五个阶段(董海军 等,2017)。

周生贤将中国环境治理的阶段划分为环境治理工作起步(20 世纪 70 年代初—1978 年)、环境治理工作渐入正轨(1978—1992 年)、实施可持续发展国家战略(1992—2002 年)、落实科学发展观与建设两型社会(2002—2012 年)、生态文明建设(党的十八大以来)五个阶段(周生贤,2013)。

生态文明建设之前的治理实践是当前环境治理开展的历史背景,下面主要对生态文明建设时期的环境治理进行分析。无论如何划分我国环境治理的阶段,不可否认的是,国家环境保护目标不断调整和变化,这反映出政府对于环境问题更为准确的认识和更为实际的态度(洪大用,2001b:6)。伴随着环境保护目标的科学化,就法制建设、机构健全、人员保障等主要指标而言,我国的环境治理已经日益制度化了(洪大用,2008)。

如果在环境治理的纵向坐标上定位,当前处于“复合型治理”的阶段,即面向整体环境、依托整体环境、为了整体环境的综合治理阶段(洪大用,2016)。有学者将其视为目前为止“环境保护最严格”的时期。对于这一观点,俞海等人梳理了以往研究中的三类不同理解视角:一是表达政府的决心和态度,即通过实施一系列刚性的、严格的措施,解决资源环境问题,是一种符合中国语言习惯和思维方式的非科学表述;二是体现出了相较过去更为严格的法律法规、相关标准,更接近于国际先进水平、采用更刚性的政策手段,具有清晰明确的目标指标;三是体现一种底线主张,即生态环境已经退化到阈值底线,实行“最严格”的环境保护制度是为了确保阈值底线不被逾越和突破(俞海等,2014)。

无论是政治话语还是科学表述,至少通过中央的顶层设计、地方的政策制定、基层的治理实践,能够看到环境治理力度的加强。多位学者都认为当前环境治理的力度前所未有(陈宗仕 等,2017;王印红 等,2017;陈涛,2018)。严格、强力、高压,在某种程度上,就是当前环境治理的状态。这就是本书对废旧塑料行业“散乱污”治理进行分析的宏观背景。

第三节
“散乱污”作为环境治理重点

一、“散乱污”治理的现实背景

（一）“散乱污”企业的兴起

“散乱污”是2017年国家在治理工业企业时方才提出的概念，但是所指内容至少可以追溯到乡镇企业蓬勃兴起之时，因为从严格意义上讲，散布在农村地区的“散乱污”企业属于乡镇企业[①]的范畴，其发生发展与乡镇企业的整体发展趋势是一致的。

20世纪80年代，乡镇企业“异军突起”。根据1995年第三次全国工业普查，乡镇工业主要以轻纺和一般加工工业为主，1985年第二次全国工业普查至1995年的十年间，乡镇工业发展规模急剧扩大，在全国工业中的份额显著提高。1995年末，全国共有乡镇工业企业和生产单位651.8万个，比1985年增加190.9万个；从业人员7 300.5万人，增加3 512.3万人；工业总产值38 933.3亿元，比1985年增长12.5倍，平均每年增长29.7%[②]。乡镇企业规模之大、涉及人数之多、发展速度之快可见一斑。其中的“散乱污”企业工艺简单、成本较低，是最容易在农村地区推广和发展的类型之一。

下面是一位乡镇干部对本地塑料“散乱污”企业的发展介绍：

这个塑料发展，是随着国家经济，如果咱们画曲线的话，应该是平行或正相关的，八十年代咱们有什么塑料制品呀，基本上就没什么塑料制品。中国改革开放以后，咱们加速发展的时期，塑料消费（增加了），有消费肯定要产生废旧塑料。

---

① 《中华人民共和国乡镇企业法》将乡镇企业定义为农村集体经济组织或者农民投资为主，在乡镇（包括所辖村）举办的承担支援农业义务的各类企业。尽管诸多学者在使用这一概念时特指集体所有的企业，但合作企业、个体企业、家庭作坊等所有建立于乡镇范围内的企业都应属其中之意。详情请参见中华人民共和国中央人民政府网站，http://www.gov.cn/banshi/2005-06/01/content_3432.htm。

② 第三次全国工业普查办公室，《第三次全国工业普查主要数据公报》，检索时间：2017年5月12日，国家统计局网站，http://www.stats.gov.cn/tjsj/tjgb/gypcgb/qggypcgb/200203/t20020331_30467.html。

所以这个产业是跟着这个来的，现在咱们离不开塑料了，穿的衣服、穿的鞋。原来八十年代还纳鞋底儿呢，都是用输送带割一块(在)上边弄的，所以说跟国家这个经济发展有关。在九十年代，到2000年这一段，加速发展期。从2000年到2010年，这是一个高潮期，它的发展基本上是这个过程。

（访谈对象：椆村所在乡镇宣传委员，WCQ，男）

乡镇企业的蓬勃发展引发了学者的热烈讨论。20世纪80年代中期学界对乡镇企业开展了诸多研究，根据不同的所有制形态区分了三种类型，分别是以集体所有制和政府经营为特点的“苏南模式”、以家庭加工业和贸易为特点的“温州模式”和以大量引进外资为特点的“珠江模式”(邱泽奇，1999)。本研究关注的“散乱污”企业类似于温州模式，主要以家庭作坊为主要形态，这种形态下无论是两口之家，还是包括父母、子女甚至兄弟姐妹在内的大家庭，其主要生计来源都是以家庭为单位而非个体之间的联合，并且生计形式通常是单一的。

百县市经济社会调查显示，20世纪80年代初椆村①所在的乡镇有几家农户从城市收购聚乙烯类废旧塑料，向邻县的回收公司或再加工厂交售，在此基础上具备一定的经济基础后开始自己购置设备，把收来的废旧塑料制成颗粒出售给加工企业。以后便发展成自己动手制作再生塑料制品，如鞋底、拖鞋、塑料管、塑料棒、塑料盆等。几户带一村，一村带一乡。1991年椆村所在乡镇的塑料加工户已占全乡总户的70%，全市总计有100多个塑料加工摊点，从业者3 500多人，年产值达2 200万～2 300万元(赵池等，1992：194)。

(二)“散乱污”治理的前置阶段

人们对“散乱污”企业所产生的问题的认识伴随着乡镇企业的萌芽、兴起、迟滞、复兴而不断深化，与之相应的，对这些问题开展的治理行动也具有阶段性特征，不同阶段这一问题被纳入不同的制度框架之中。最先引起国家关注的是“散乱污”企业存在的安全问题，由于生产工艺简单、保护措施缺乏，生产过程造成工人伤残的现象十分普遍，因此国家要求对机器进行安全改造；在第二阶段，一些重点行业进入国家治理的视野，这些行业往往存在安全、效率、污染等多重问题；当前的“散乱污”治理是第三个阶段。前两个阶段“散乱污”企业的概念还未被正式提出，因此称为前置阶段，不同阶段治理的重点也有所不同，具体如下。

---

① 本书中地名及人名均依学术惯例做技术处理，“椆村”“楠村”“槐村”等村庄名称、“桦乡”“榹乡”等乡镇名称以及人名均为化名，后面不再赘述。

就本研究关注的废旧塑料加工行业的“散乱污”企业而言，其安全生产问题主要源于设备，早期使用的液压机经常造成工人伤残，加热过程使用的劣质煤炭及其释放的废气造成了环境污染。2006年左右，旧的设备被淘汰，新的设备在设计上更为安全，同时以电代替燃煤在一定程度上减少了污染。

最早机子是液压类的，(把塑料)粉碎加热，通过加温料传过去，砸一下，用模具一砸，拿出来成型。那个危险，因为砸那一下如果手慢了就砸手。现在注塑机子既环保又干净，料进去之后通过电加热，以前是煤加热不环保，现在电加热，料传过去之后还是模具，这个门如果不关死，就不砸，事故率降低了。安着排污设施了，从过去的老法儿逐步发展到现在半自动化。

（访谈对象：楠村村委书记，ZJM，男）

行业治理主要基于各个省份依托当地的资源、交通等条件形成的主要产业，其中一些行业对环境造成的压力比较突出，因此至少从21世纪初开始，各地针对特定行业开展了治理。例如，2005年辽宁省整顿规范涉矿企业，主要针对“生产规模小、布局散乱、不具备安全生产条件、开采工艺落后、破坏生态、污染环境等矿区”进行了强力整合，截至2007年底，完成了对93个重点矿区的整合①。2009年山西省针对“多小散乱”、安全事故频发、资源回收率低和生态环境破坏的煤矿行业，开展了煤炭资源整合、煤矿兼并重组工作②。广东省多次对电子拆解业进行治理，包括前期捣毁工厂、拆除高炉等行动和后期“圈区管理”，引导拆解散户进入园区集中拆解和治污③。

（三）“散乱污”及治理现状

由上述可见早期治理主要集中在特定行业或针对安全生产问题，而当前“散乱污”治理则是在大气污染防治的背景下展开的，从行业上看，不只包括个别重点行业，而是涵盖了所有具有“散乱污”特征的企业；从地域上看，从京津冀、长三角等重点区域推向全国。

---

① 新华社，《辽宁3年关闭矿山1 625家 将继续重点整顿六种行为》，检索时间：2017年12月1日，中华人民共和国中央人民政府网站，http://www.gov.cn/zfjg/content_933484.htm。

② 山西日报，《2010年山西省人民政府工作报告》，检索时间：2017年12月1日，中华人民共和国中央人民政府网站，http://www.gov.cn/test/2010-02/05/content_1528907.htm。

③ 新华社，《“电子垃圾之都”艰难转型记——广东贵屿电子拆解业整治追踪调查》，检索时间：2017年12月1日，中华人民共和国中央人民政府网站，http://www.gov.cn/xinwen/2015-12/15/content_5024159.htm。

2013年发布的《大气污染防治行动计划》[①]掀起了大气污染防治的又一轮高潮，从计划提出至2017年，相关企业进行了脱硫、脱硝、除尘等技术改造。相对于厂址、设备、产量确定的正规企业，分散在农村区域的小作坊具有较强的灵活性和隐蔽性，监管成本较高，是环境问题中的一块“顽疾”。因此在大型企业被纳入日常监管体系之后，2017年各地开始聚焦“散乱污”企业，将其作为环境治理的重点。

2017年环保部(现为“生态环境部”)召开京津冀及周边地区“散乱污”企业整治总结会，明确指出“‘散乱污’企业综合整治是大气污染防治的重点任务”，要求全面排查、不留死角，分类施策、标本兼治，疏堵结合、扶治并举，建立机制、严防反弹，加强引导、营造氛围。同时公布了两项数据：一是2017年环保部仅在京津冀周边地区治理的“散乱污”企业已达6.2万家；二是根据估算，这一地区“散乱污”企业治理对$PM_{2.5}$浓度下降贡献率达30%[②]。河北省大气办公布数据显示，2017年排查“散乱污”企业达10.8万余家，其中关停取缔6.8747万家，整合搬迁899家，整治改造3.8785万家[③]。

2018年“散乱污”企业治理进一步推进，无论是国家层面还是地方层面，都将其作为大气污染防治的重要内容。在由中共中央、国务院提出，相关省份根据本省情况进一步细化、完善的《关于全面加强生态环境保护 坚决打好污染防治攻坚战的意见》[④]、《打赢蓝天保卫战三年行动计划》[⑤]、《秋冬季大气污染综合治理攻坚行动方案》[⑥]三个体系的文件中，“散乱污”企业都被作为治理重点。例如，《打赢蓝天保卫战三年行动计划》明确提出全面开展“散乱污”企业及集群综合整治行动，要求生态环境部、工业和信息化部牵头，发展改革委、市场监管总局、自然资源部等共同参与，从标准制定、建立台账、分类处置、动态管理、总体目标方面给予了详细的说明：一是根据产业政策、产业布局规划，以及土地、环保、质量、安全、能耗等要求，制定“散乱污”企业及集群整治标准。二是实行拉网式排查，建立管理台账。三是按照“先停后治”的原则，实施分类处置。列

① 国务院，《国务院关于印发大气污染防治行动计划的通知》，检索时间：2017年11月20日，中华人民共和国中央人民政府网站，http://www.gov.cn/zhengce/content/2013-09/13/content_4561.htm。

② 生态环境部，《环境保护部召开京津冀及周边地区“散乱污”企业整治暨秋冬季大气污染综合治理攻坚阶段总结现场会》，检索时间：2017年11月23日，中华人民共和国中央人民政府网站，http://www.gov.cn/xinwen/2017-11/23/content_5241742.htm。

③ 河北日报，《河北省集中清理整治“散乱污”企业》，检索时间：2018年3月31日，中华人民共和国中央人民政府网站，http://www.gov.cn/xinwen/2018-03/31/content_5278823.htm。

④ 中共中央，国务院，《关于全面加强生态环境保护 坚决打好污染防治攻坚战的意见》，检索时间：2018年7月16日，中华人民共和国中央人民政府网站，http://www.gov.cn/zhengce/2018-06/24/content_5300953.htm。

⑤ 国务院，《国务院关于印发打赢蓝天保卫战三年行动计划的通知》，检索时间：2017年11月20日，中华人民共和国中央人民政府网站，http://www.gov.cn/zhengce/content/2018-07/03/content_5303158.htm。

⑥ 资料来源：定州市环保局存档文件。

入关停取缔类的，基本做到“两断三清”（切断工业用水、用电，清除原料、产品、生产设备）；列入整合搬迁类的，要按照产业发展规模化、现代化的原则，搬迁至工业园区并实施升级改造；列入升级改造类的，树立行业标杆，实施清洁生产技术改造，全面提升污染治理水平。四是建立“散乱污”企业动态管理机制，坚决杜绝“散乱污”企业项目建设和已取缔的“散乱污”企业异地转移、死灰复燃。对于上述目标，京津冀及周边地区 2018 年底前全面完成；长三角地区、汾渭平原 2019 年底前基本完成；全国 2020 年底前基本完成。

三个体系的文件分别于 2018 年 6 月、7 月、8 月由中央政府发布指导意见，相关省市及其下辖区县根据上级文件和本地情况进一步细化完善。文件发布之密集加之各项吹风会、动员会、督查巡检，使得“散乱污”企业治理成了社会热议的话题。

二、涉塑“散乱污”的问题建构

自塑料被发明利用以来，人们对塑料及其带来的问题的争论就从未停止。有人说塑料是伟大的发明，它给人们的生活带来了巨大的便利；也有人说，塑料是人类历史上最糟糕的发明，给环境带来了灾难性的后果。不同时代背景下，人们围绕塑料进行了不同的讨论与反思。20 世纪 80 年代，人们关注废旧塑料产生的垃圾，于是呼吁废旧塑料回收再利用。21 世纪初，关于“白色污染”的讨论出现于各个媒体，2007 年国家发布了“限塑令”。十年后，电商快递等行业迅速发展，塑料餐盒、塑料包装被广泛使用，塑料垃圾重新成为人们讨论的焦点。

废旧塑料回收问题，也是人们围绕塑料讨论的议题之一。20 世纪七八十年代，塑料回收行业由于经济、环境、政策因素的综合作用而迅速兴起。在经济方面，人们的生活水平不断提高，对塑料制品的需求不断上升，塑料行业得到迅猛发展，塑料产量在体积上超过了占统治地位的钢材。与此同时，20 世纪 70 年代原材料价格上涨，使得对废旧塑料的需求增加。20 世纪 70 年代末 80 年代初的经济体制改革，给予了人们从事工商业的动力，废旧塑料加工行业也在这一背景下蓬勃发展，由于工艺简单、利润可观，这一行业以“家庭作坊”的形式在农村落地生根。

在环境方面，20 世纪 70 年代是环境治理史上一个关键的时段。随着工业化的发展和生态环境的日益恶化，人们认识到资源的有限性和环境保护的重要性，《寂静的春天》①、《论环境中的人》②、《增长的极限》③等描述环境问题的著作拉开了环境保护的序

① 1962 年，卡森的著作《寂静的春天》出版，阐述了农业杀虫剂对生态环境的危害。

② 1971 年，克劳斯纳在《论环境中的人》中，第一次明确使用“环境社会学”的概念。

③ 1972 年，罗马俱乐部——一个研讨国际政治问题的全球智囊组织出版了《增长的极限》。

幕。这一阶段出现的能源危机，使得各个国家认识到节能技术的重要性，纷纷开始探索资源回收再利用的方法，废旧塑料回收再利用就是其中的重要内容。在政治、政策方面，1973 年发生的石油危机，使得各个国家认识到资源的有限性，开始探索资源回收利用方法，制定鼓励回收再利用产业的法规政策。在这一背景下，国际废旧塑料回收产业迅速兴起并发展壮大。在我国，国民经济和社会发展“八五”计划和“九五”计划都强调要加强资源再利用的研究应用，资源综合利用相关的政策法规陆续出台。

从 20 世纪 70 年代至今，人们对“废旧塑料回收再利用”的认识不断发展。起初，被当作一种治理塑料垃圾产生的污染的方法，它本身不是问题，相反，是解决问题的办法，人们对其评价是“一举多得”“防止公害”“节能环保”。随着废旧塑料加工行业的不断发展，局部地区的自然环境也发生了巨大的变化，人们开始认识到废旧塑料再加工跟塑料一样，会产生污染，也需要进行治理。从“解决问题的方法”到“问题本身”，人们“废旧塑料再利用观”的变化是一个认识随客观事物变化而变化的过程，也是一个问题建构的过程。在这个建构过程中，发挥主要作用的是学界、媒体和政府。

学界对塑料回收的研究开始于 20 世纪 80 年代，主要研究主题为介绍国外废旧塑料处理的先进技术和经验。与英美等国家由几个大企业从事废旧塑料回收不同，我国的企业数量众多，大多数只有几名员工，甚至是只有家庭成员的“小作坊”(关成 等，2009)。20 世纪 90 年代，我国形成的大规模的塑料回收集散地有河北、安徽、江苏等。各类研究显示出 20 世纪 80 年代人们的“废旧塑料观”与当前完全不同，将废旧塑料再利用当作节约资源和环境保护的有效方式，认为一方面，随着塑料消费量的增加，废旧塑料在固体垃圾中的占比不断上升，废旧塑料进入农田将影响农作物生长，倒入海洋则影响鱼类生存，废旧塑料垃圾亟待治理；另一方面，废旧塑料经过简单的加工，又能够化害为利、变废为宝，节约资源。2000 年，废旧塑料加工产业带给环境的污染已经十分凸显，人们意识到废旧塑料加工本身也正产生着污染，因此逐渐有学者开始关注废旧塑料加工行业的治理问题。

如果说学术研究使一部分环境意识较强的人开始认识到污染问题，那么媒体则使得废旧塑料行业的污染问题受到广泛的关注。大量的媒体报道“声形并茂”地向人们展示了废旧塑料加工行业对环境的破坏，让人们直观地看到这一行业产生的废气、废水和固体废物，以及给自然环境和个人健康带来的危害。

环境问题以客观事实为基础，但具有建构性的特点。汉尼根曾提出建构环境问题有六个必要条件：第一，科学权威的支持和证实，如果没有来自物理科学和生命科学的坚实数据的支持，一种环境状况根本不可能转化为环境问题；第二，一个或多个“科学普及者”将深奥的科学研究转化为能够打动人心的环境主张，他们的科学知识来自二手资料，将环境主张重新包装，以吸引政治领袖、记者等的认同；第三，受到媒体的关注，将环境问题塑造得真实和重要，呈现在媒体报道中；第四，一个潜在的环境问题必须用非常形象化和视觉化的形式生动地表达出来，提供一种认知环境主张的捷径，将复杂的讨论压缩为容易被公众理解且具有伦理刺激性的观点；第五，对环境问题采取行动必须要有看得见的经济收益（例如，如果不制止生物多样性的损失，热带雨林中包含着的大量未开发的医药财富将永远消失）；第六，要想成功抗争，应当有制度化的支持者确保环境问题建构的合法性和持续性（汉尼根，2009：81-82）。

虽然汉尼根没有特别指出，但是能够看到六个必要条件暗含的贯序：首先，有一个“不可见”的环境问题一直被忽视，比如臭氧稀薄、生物多样性减少等；接着，科学家经过研究和数据分析发现了这一问题；“科学普及者”对科学家的研究进行包装，使其转化为环境主张，以此吸引记者、政治领袖等人的支持；媒体被吸引后，对这一主张进行报道，引起更多公众的关注；这一议题进入公众视野后，却因其抽象性或者复杂性无法被理解，因此需要以形象化和视觉化的形式表达出来，帮助公众实现从“知晓”到“理解”的转变；下一步是从“认识”到“行动”，这需要对环境问题采取行动有看得见的经济收益，事实上，很少有一个环境问题对所有人都有看得见的经济收益，更多时候是对一部分人，所以“看得见的经济收益”的实质是带动一部分能够将认识转化为行动的公众去解决环境问题；最后这些行为进入政策议程和法律程序，环境治理和保护行为成为一项能够长期为继的制度。

但是在本书的案例中，这个问题建构过程不同。一方面是环境问题本身的不同——案例中的废旧塑料加工“散乱污”企业带来的环境问题本身便是“可视”的，与汉尼根所说的“不可见”的环境问题十分不同，不太需要上面所述的科学发现、科学普及和视觉化表达；另一方面是中国环境问题的建构过程与国外不同。在中国环境治理中，政府是主导，也是当代中国环境问题的主要建构者之一（龚文娟，2009）。在此，笔者通过梳理案例，着重对这一环境问题的建构过程进行阐释。

梳理定州市废旧塑料加工问题的建构过程，首先要提到一次关于邻市——新乐市的新闻报道。2013 年 6 月 20 日，《经济半小时》以“新乐市废旧塑料污染何时休?”为题进行了报道，报道称：“记者一进入新乐市杜固镇，就闻到一种难闻的味道。道路两边堆满了各种各样的废旧物品。在镇周边的几个村子里，几乎家家户户都有一根这样的烟囱，不时冒着黑黑的浓烟。难闻的味道就是从这里冒出来的。”对村里的环境，记者描述道：“因焚烧加工废旧鞋底和炼铝造成的滚滚浓烟，笼罩在整个村镇的上空，不断有黑色的粉尘向下飘落，焚烧胶皮产生的刺鼻气味迎面扑来，令人窒息。”记者在采访中，“被那些强烈的刺激性气味熏得头晕恶心，胸闷难受，好几天都感觉很饿但却根本吃不下”。而与此同时，“就在一个烟雾缭绕的院子旁边”，记者发现，“这里是新乐市环保局设立的执法点”①。记者并没有采访环保局的工作人员，而是从村民的角度得知因为数量太多环保局的人也没有办法，只是糊弄糊弄。

这篇报道使公众了解了废旧塑料加工行业的基本情况，总体来说，就是技术含量低、成本投入小、产生污染严重。这一事实得到了环保局工作人员的印证：

设备不是很贵，一两千。有扬尘，加热时候产生 VOC，破碎时候有点噪声。破碎就是把塑料管打成碎片，成了原料，再有就是注个盆，这是前期的工序，后期的工序就是注塑。这个（行业）上环保设备（的话），（可以）上粉尘回收，除尘器，比如光谱除尘。有的是干的破碎，有的是洗一下破碎，有水的话要有污水处理站。这个设备两三万，但是在没有手续的情况下，上这个设备还是不合法，没人上。

（访谈对象：栶村所在乡镇环保所工作人员，ZZL，男）

新乐市的问题被曝光后，河北省政府对此开始重视，对具有相同问题城市的市长进行约谈，定州市也在其中之列。

刚到定州市（任职）不到一周，被省纪委约谈。新乐市塑料加工被媒体曝光，定州市也存在相同情况。我们下去调查这个产业，定州市三个主要乡镇从业人员有 10 万人。远看房子很好，红顶绿树，进村下不了车迈不动脚，垃圾遍地。妇女怀孕必须离开，因为容易出现流产死胎。我们找村民了解情况，有个老头两个儿子，老两口要给儿子娶媳妇。10 万人从业人员原料外欠账 3 个多亿，原料不能持续供应，3 个多亿的外债可能打水漂，会形成社会问题。

主要的几个村靠沙河，我们用废地建立园区，废地变成园区，废品进入园区变成原料，成为定州市的亮点和新的经济增长点，引来了新的投资者。

（资料来源：定州市环保督查会议市长汇报内容）

此后定州市对废旧塑料加工行业开展了大力度的治理，用村民的话说，开始了“真抓”。概括这一过程的关键环节，即问题事实、网友反映、媒体报道、政府关注、对企业进行治理。这一路径与汉尼根所述的从科学发现最后到政府支持的过程有一定差异。

对比汉尼根所述的环境问题的建构过程与定州市废旧塑料加工行业问题的建构过程，能够看到二者的显著区别在于“多维”与“单维”。洪大用曾指出，我国环境问题建构表现出某种程度上的单向性，具体说来，包括建构主体的单向性——政府和精英向普通公众的单向动员；建构内容的单向性——主要内容是一般性地宣传环境问题和

① 康敬峰，樊建恩，《〈经济半小时〉：新乐市废旧塑料污染何时休？》，检索时间：2017 年 11 月 20 日，搜狐新闻网，http://news.sohu.com/20130620/n379344201.shtml。

环境保护，反映了重视环境的价值取向，维护自身环境权益活动的组织化程度不高、公开性不强；建构观念的单向性——强调环境保护义务，忽视环境权益（洪大用，2001b：166）。“散乱污”问题建构的单维性往往与污染治理的单维性紧密相关，这意味着在具体的治理实践中，仍旧以政府和精英为主导。而“散乱污”因其分散、隐蔽、顽固性较强，需要较大的治理成本，这也是许多学者提倡多元主体协同治理的重要原因。

三、“散乱污”企业的独特属性

废旧塑料加工行业的形成并非偶然，而是与不同历史阶段的国情紧密相关的。物质相对匮乏、塑料制品供不应求、改革开放带来经济活力等都是促使这一行业兴起的重要原因。这一行业经过长年累月的发展，形成了独有的特征，包括顽固性、历时性、根本性。与此同时，废旧塑料加工逐渐替代村民原来的生计方式，不断嵌入村民的生活中，重新形塑村民日常生活的各个方面，也就造成了路径依赖，想要对此进行治理，则需要面对环境公平等诸多压力。

“散乱污”企业具有历时性，就是说不同时期治理废旧塑料加工行业的实践是不同的，反过来，这一行业也反映出环境治理的不同阶段。

我们环保很长一段时间将管理放在次要位置，使得一些人对法律法规没有一个学习钻研的态度和氛围，一说上面来人检查呀，下去第一件事，这个厂子别干了，别开了，你也停两天。这个企业敏感源在哪，符不符合环保的要求，设备能不能发挥作用，有没有正常运转，都看不出来也不懂。①

（访谈对象：环保相关工作人员，TF，男）

由于历时较长，塑料加工行业的“散乱污”企业具有了顽固性和根本性。

顽固性。根据定州市环保局历年工作报告，定州市最晚从 2005 年起就开始对这一行业进行治理，十多年间，市环保局、乡镇、村两委尝试了各种不同的方法，但是它犹如野草一般“春风吹又生”，即便在严格的行政指令下，仍然体现出极强的顽固性。违法成本低、执法成本高是导致行业顽固性的原因之一，同时，从事废旧塑料加工是村民的主要收入来源，因此村民采用非制度化手段、弱者的武器、“游击战”等形式坚持从事这一行业。如同其他地区、其他行业的“散乱污”治理一般，定州市的废旧塑料加工行业“散乱污”治理也是当前环境治理中难度最大、敏感度最高的问题。

---

① 环保局工作人员回忆中的工作状况与现代服务型政府相去甚远，当然用历史和发展的眼光回溯过去政府部门的工作状态时，不能忽视当代政治权力的组织结构是在战争年代发展起来的。具体可参考毛寿龙《政治社会学：民主制度的政治社会基础》，吉林出版集团有限责任公司 2007 年版，第 51 页。

根本性。废旧塑料加工行业起初作为村民的非农业收入，是村民收入的重要补充。随着时间的推移和环境的变化，它逐渐成为农民家庭收入的主要来源甚至唯一来源。“散乱污”企业与一般企业相比，有其特殊之处。一般企业是在生计得以保障的基础上以盈利为主要目的，遇到环保问题首先会考虑如何保持盈利。为了实现盈利，企业需要考虑的因素包括原料、劳动力、市场、销路等，国家政策本身也包含其中。政策支持则容易盈利，政策不支持也无可厚非，市场本身就是变动的，环境标准的变化相对容易被接受。而“散乱污”企业除了追求盈利之外，还关系到收入来源、生活生计、养家糊口的根本问题，特别是在当地居民大规模地从事了三四十年之后，已经涉及两代人的家庭。经过三四十年的发展，农民不断将家庭作坊的经营收入作为投资，继续扩大生产，大部分家庭积蓄都投入这一行业中。不同于厦门 PX 项目等事件——民众环境意识觉醒，出于环境诉求形成集体行动，与政府对话，“散乱污”治理则是政府主导，并关系到民计民生。因此，对塑料“散乱污”企业进行治理不仅仅是经济问题，更是关乎民生的根本问题。

当环境问题与民生问题相关联时，期望依靠人们环境意识的提高来解决环境问题就显得力不从心。诚然，随着环境治理不断深化，环境宣传不断推进，我国居民和村民的环境意识和环境关心水平日益提高，但是环境意识的提高并没有直接带来亲环境行为的明显提升，居民对环境问题的关注和认识也没有直接促使他们主动改变生产生活中破坏环境的行为，特别是关系到生计问题的时候。

社会力量的薄弱和不足，使得政府需要在环境治理中承担较多的责任，同时也面临着更大的压力。其中一种压力就是环境公平问题凸显的压力。有关环境公平问题的讨论来自西方，不同地域、群体、代际承担环境风险的程度有所不同，这一问题在世界范围内普遍存在，但在不同的国家，问题的严重程度和受到社会的关注程度却不同。在西方这一问题与种族、性别、阶层等问题相联系因而获得了更多的关注；相比之下，中国的环境公平问题则更多地关注代际公平，呼吁当代人节约资源、保护环境以保证后代享用资源环境的权利。

而环境治理带来的成本问题，则使代内人的环境公平问题得以凸显。在经济发展和环境保护的矛盾中，如何对待不同人的经济以换来所有人的环境，如何处理通过破坏环境获取收入的情况，是否要在停止其破坏行为的同时保证这些群体的基本收入和生计来源？每一种选择背后都隐含着对“环境公平”的认识。

第二章 文献综述与理论视角

本研究的核心问题是环境治理何以有效，具体而言是分析从业者生计对于环境治理效果的影响，因此文献综述主要是对环境治理研究的回顾，以及对从业者生计[①]研究的回顾。与此同时，也对本书个案中废旧塑料加工行业的研究进行了简要梳理。

基于以上文献回顾，本研究运用社会转型理论和复合型治理理论展开分析，弥补当前研究的不足。这两种理论都是基于总体的中国社会转型理论对环境问题和环境治理的分析。

社会转型理论对本书的启发在于认识废旧塑料加工行业"散乱污"企业形成的社会背景，以及从环境问题的社会特征——特别是对个人日常生计的影响角度分析环境问题。复合型治理理论强调通过多元主体——包括政府、市场、社会组织、个人的协同参与提升环境治理效果。本书正是立足于这一理论假设，在承认不同主体具有不同行为逻辑的前提下，对不同主体进行了划分，并进一步对"受害者即施害者"这一类特殊群体的行为逻辑进行分析，揭示参与环境治理的逻辑和内生动力。

---

① 本研究中的从业者在身份上都属于农民，因此对从业者生计的文献回顾主要是对农民生计的研究。

第一节
文献综述

一、环境治理研究回顾

环境治理的研究大体可分为三类。第一类集中于环境管理学领域，研究环境治理中可操作化的技术问题，主要包括环境计划管理（制定、执行、检查与调整各部门、各行业、各区域的环境保护规划，使之成为整个发展规划的一个重要组成部分）、环境质量管理（组织制定各种环境质量标准，各类污染物排放标准、评估标准及其监测方法、评估方法，组织检查、监测、评估环境质量状况，以及制定防止环境质量恶化的对策措施）、环境技术管理（制定防止环境污染的技术方针与政策，制定与环境相关的技术标准及规范，确定环境科学技术发展方向，并组织环境科学技术的协调与交流等）（参见吕永龙 等，2009；李永峰 等，2012；叶文虎 等，2013；朱庚申，2002）。此类研究的突出特征是应用导向，以政策制定和流程管理为抓手，从应然的视角绘制出环境治理的总体蓝图，为环境治理方式的科学化提供了详细具体的指导。其不足之处在于将环境问题视作一种既定的客观实在，而未对其形成原因、演变规律和化解机制进行深入探讨。此外，此类研究对实然与应然之间的张力关注不够，未能解释管理过程或政策实施中结果与目标悖离的问题。

第二类主要是在环境政治学领域，分析环境治理失灵的原因，其主流观点体现在以下几个方面。第一，倾向于将中国的环境危机归结为某些地方政府在环境治理上的失败，认为某些地方政府及官员没有坚定地执行中央政府的环境政策。第二，认为某些地方政府和官员出于经济发展的考虑在本辖区内对污染企业睁一只眼闭一只眼，他们之所以反抗或者对中央的环境政策阳奉阴违，是因为经济发展在短期内更符合地方政府的利益。第三，认为地方政府在环境治理上的失败在某种程度上意味着地方保护主义的盛行和中央权威的不足，是地方分权过度和国家能力不足的结果；建议通过采取环保系统垂直管理的方式来加强中央政府在环境治理中的权威（参见冉冉,2015:37-38;郇庆治,2010;曹正汉,2011)。此类研究将治理实践中遇到的问题放置于政治结构和政治制度的宏观背景当中,从失地关系着手,分析了两级政府在环境主张、治理行为和利益诉求等方面的差别,并提出了从政治维度推动环境治理的方案。这一视角对以政府为主体的环境治理时期具有较强的解释力,但是其焦点虚化了宏观的社会背景(如现代化进程、全球化趋势、风险社会的到来等)和多元的环境行为主体(如企业的环境行为和环境后果、公众的环境意识和地方性知识、社会组织的参与机制等)。

第三类主要是在环境社会学领域,分析环境问题产生的机制。这些研究为环境治理提供了扎实的理论基础,指出了未来环境治理的可行方向。

环境社会学领域的环境治理研究成果包括宏观理论和中层理论。宏观的理论范式从不同角度对环境与社会的相互关系和环境问题的产生进行了阐释,这些理论假设也明确或暗含了不同的环境治理路径。

洪大用对环境治理的宏观理论进行了总结,指出20世纪七八十年代之后,环境问题在一定程度上已经被广泛接受为一种客观的社会事实,各国各地区面临的急迫问题是如何改善现实的环境状况,或者如何总结环境治理的经验并加以推广。虽然在新的阶段对环境问题的社会原因与社会影响的研究仍在继续,但是一个新的核心议题——环境治理已经呈现出来,并且已经出现了影响广泛的一些理论模式,例如生态现代化理论、风险社会理论。生态现代化理论反驳早期关于环境问题的激进的、悲观的社会理论解释,坚信现代性可以朝着有利于保护生态环境的方向转化,而事实上,这样一种进程已经在西欧一些国家和地区发生了,并且具有全球推广的价值。风险社会理论则提供了人们看待现代社会发展的另一种视角,强调传统现代性发展与全球风险社会之间的某种必然联系,主张重塑风险(包括环境风险)管理体制与机制,推进反思性现代化(洪大用,2014)。

此外,建构主义范式和社会转型范式也对本研究具有指导意义。建构主义关注环境问题被"问题化"的过程,认为环境与社会的相互关系并不是如环境现实主义所说的那样简单,而是一个复杂的充满竞争的社会建构过程,因此在环境治理过程中,不能把显而易见的生态损害的重点、构成和肇因视为理所当然,而应当从不同利益主体和更长的时间脉络出发分析问题的形成。

社会转型范式阐释了社会结构转型、社会体制转轨和价值观念变化给环境问题带来的影响,这一结构性的背景使得我国政府主导的治理模式具有内在的、结构性的缺陷,因此应当通过组织创新等途径促进民间环保力量的凝聚、成长,促进公众参与,克服政府在直接提供环境这类公共物品时存在的诸如成本、效率、公众满意度等难以克服的缺陷(洪大用,2001b:278-280)。这一理论范式也为当前主张“多元主体”参与环境治理的学术观点提供了理论依据。

环境社会学领域的中层理论主要可分为三类[①]。第一类侧重制度因素。制度论视角与环境政治学研究都关注环境问题背后的政治制度,但是前者视野更加开阔,超越了史地关系的分析框架,关注到自上而下的治理逻辑、上下级部门间的互动机制、政企关系及其环境影响、经济增长与环境保护的冲突和平衡、政治过程的多重逻辑等。如周雪光等人提出“政府内部上下级部门间谈判的一个分析模型”,认为有关委托方(省环保厅)和代理方(市环保局)之间的序贯博弈模型中,委托方的两种策略选择是常规模式和动员模式,代理方在应对过程中存在的三种策略是正式谈判、非正式谈判、准退出。在委托方采纳动员模式的条件下,准退出是代理方的最佳应对策略;而在常规模式下,代理方的应对策略选择有着更大空间(周雪光 等,2011)。包智明等人提出“国家开发主义”,认为由政府主导的环境问题的治理及环境政策的实施,由于中央与地方之间的利益冲突和自上而下的环境治理机制的内在缺陷,导致了环境问题治理失效(包智明 等,2011)。张玉林提出“政经一体化开发机制”,认为基层政府在双重压力下不得不与企业结成同盟,环境问题未能受到足够的重视,环境风险逐渐加大(张玉林,2006)。荀丽丽等人提出“政府动员型环境政策及其地方实践”,认为中国环境政策延续了长期以来形成的“危机应对”“政府直控”的特点,鼓励经济增长的发展观念与忽视环境压力的发展模式已经深嵌于我国国家利益与地方利益、中央政府与地方政府的权力和利益格局当中,在既有的制度结构下,地方政府处于各种关系的连接点上,扮演着“代理型政权经营者”与“谋利型政权经营者”角色,因此环境保护政策与可持续发展战略的实践必然面临着结构性的困境(荀丽丽 等,2007)。练宏通过近距离观察某市环保局连续三年的考核过程,提出“弱排名激励”的形成过程是完成任务逻辑、激励逻辑和政治联盟逻辑之间序贯作用的政治过程。其长期存在且具有效力,是因为相比强激励,它形式上满足外在科层要求,而实质上可在内部做出调整,保证灵活的权威支配,兼具适应性和自主性。另外,弱排名激励还有助于促进同级合作而非过度竞争、塑造上下级的松散关联而非紧密关联、避免外在激励过度排挤内在激励(练宏,2016)。

第二类强调参与主体。洪大用认为中国目前环境衰退的一个突出特征是“边治理、边衰退”,具体表现为治理失灵,环境治理所具有的早生性、外生性、形式性和脆弱性都导致了治理失灵,但更重要的是由于治理主体不完整这一内在的、结构性的缺陷,

---

① 需要澄清的是,在列举中层理论的代表性论述部分,仅表明作者发表过这一观点,但这并不代表某位学者的全部观点。

应当根据中国公众参与的新情况、新特点，即中国公众参与正在经历从环境关心到环境行动的重大转型，借助公众的理性维权行动，以完善我国环境治理主体，改进环境治理效果（洪大用，2008）。杨华峰认为，就环境治理策略而言，在国家治理机制、社会治理机制与市场治理机制中，所承认与建构的实体都必然包括自由竞争的市场经济体系，因此对环境问题的应对首先就是市场手段的应对。其次市场失灵的存在，为政府的积极干预提供了现实的可能性。这两点就是所谓"无形手"与"有形手"的结合，但是行政干预主义视角下的政府行为往往招致一些弊端，所以对社会的期待也就越来越大，然而转型时期的中国市民社会运动发展的羸弱，使得这一策略停留在理想中，因此要实行基于合作主义视野的协同治理（杨华峰，2013）。主体论避免了"只见结构不见人"的研究倾向，亦呼应了从管理到治理的理论转向，为环境保护和环境治理实践找到了清晰而具体的落脚点，打开了从多元主体的环境观念与环境行为角度分析环境问题和治理实践的新局面。

第三类侧重文化因素。例如，陈阿江提出"文本规范与实践规范的分离"，认为现代社会是一个人工系统，系统的运转要求系统内的成员必须按规范行动，但目前我们仍倾向于依情景而非依规范行动（陈阿江，2008）；钟兴菊提出"地方性知识构建话语体系"，认为基层政府利用地方性知识构建双重话语体系回应、解读和包装政策，通过分析基层政府行动策略的依据及其背后所交织的"权力-利益"网络的合法性认同构建，阐述了政策变通执行普遍存在的合法性基础（钟兴菊，2017）；马晓琴等人提出"本土经验与地方性知识"，认为生态环境恶化不排除全球变暖等自然因素所致，也不局限于经济发展和现代性模式等因素酿成，但深层次的原因在于本土人群的主体性被忽视，多样的民族文化和积习于自然生态的文化链条被打破，环境保护和生态治理中本土经验和地方性知识缺失等（马晓琴 等，2006）。

综合不同领域的环境治理研究，大体可分为四个视角：强调通过提升生产和环保技术水平实现环境治理的技术论视角；认为环境问题的产生具有制度性根源，因此要通过建立健全制度体系、不断调试政策实践，从而实现环境治理目标的制度论视角；认为治理失灵缘于本土人群治理经验和地方性知识缺失的文化论视角；强调不同治理主体发挥着不同功能，依靠单个主体治理存在缺陷，因而倡导多元主体协同共治的主体论视角。本书在学术脉络中属于主体论范畴，旨在对主体论研究中有待探讨的领域进一步展开研究。

目前主体论的研究具有明显的整体性和宏观性特征，倡导国家、市场、社会组织、个人协同参与，其中特别强调个人在环境治理过程中发挥能动性。但是，个人这一主体并非铁板一块，而是具有"非均质性"，不同主体具有不同的环境关心水平和环境行为逻辑。许多环境关心的相关研究就指出了不同性别(Zelezny et al.,2000;洪大用等,2007;李亮 等 2013)、年龄(洪大用,2005;洪大用 等,2015)、收入水平(时立荣 等,2016;李卫兵 等,2017;王哲,2020)的个人在环境水平方面的差异,行为逻辑亦是如此。

缘于个体的差异性,有必要对个人进行细分,进一步分析不同类别的个人参与环境治理的机制。本书研究中的废旧塑料加工“散乱污”企业从业者,属于比较特殊且不容忽视的一类。其特殊之处在于村民既是自然环境的施害者,又是环境污染的受害者。对于这类特殊群体而言,他们是如何影响环境治理效果的?影响他们看待环境治理的核心因素是什么?这是本书尝试回答的问题。

二、企业环境行为研究回顾

在环保相关的各个社会主体中,企业无疑是重要的主体之一,有时甚至是最为重要的主体,种种环境问题的出现,往往都与企业相关(洪大用,2017)。有学者认为,作为排污主体的企业在环境保护和治理中缺乏主动性是导致全球环境持续恶化的最根本原因(Allen Blackman,2008;Blanco E et al.,2009)。

20 世纪 80 年代起,企业环境行为成为一项重要的研究议题。广义的环境行为指一切产生环境后果和环境影响的企业行为,包括企业致污行为和亲环境行为;狭义的环境行为特指亲环境行为。其中,狭义的环境行为是学界研究的焦点也是重点,广义的环境行为主要出现在企业环境行为变迁、企业对环境规制的反应等研究中。已有研究发现,在不同的制度环境下,包括政府规制(Parker C et al.,2009)、消费者对清洁产品的追求(Biglan A,2009)、国际市场环境(Petra Christmann et al.,2001)等,不同性质——国营和民营(何劭玥,2017;陈宗仕 等,2015),以及不同规模——大型和小微(沈灏 等,2010;刘凌,2017)企业在环境行为上具有不同表现。

“企业环境行为的驱动因素”是学界在该领域最为关注的研究主题之一。以不同国家和地区、各类产业、多种属性、多个发展阶段的企业为研究对象的大量实证研究表明,企业环境行为动力机制是由企业内外多因素构成的动态、复杂系统(洪大用,2017)。总体而言,企业的亲环境行为受到经济因素、制度因素、管理因素三个维度的影响。这些影响又可以分为以下两个层面。

第一个层面是外部环境层面,包括环境信息公开、环境审计、环保规制、排污许可、环境税收减征政策、地区经济发展、利益相关者压力、媒体压力、环保类社会组织介入、非正式制度等(管亚梅 等,2019;龙文滨 等,2015;曲国华 等,2020;沈洪涛 等,2014;赵荔 等,2019;刘春平,2019;缑倩雯 等,2019;潘爱玲 等,2019;胡珺 等,2017;潘楚林 等,2016)。

在上述影响企业环境行为的因素中,政府是最重要的塑造企业外部环境的主体之一。已有研究表明,来自政府环境制度与环境监管的外部压力,通常是企业采取主动环境行为的最初动因;政府环境政策的积极性与有效性会对企业环境行为产生影响。在环境治理不断加强的过程中,政府的环境政策由最初的末端治理逐渐转向主动防治,政策类型从规制型转向激励型(陈兴荣 等,2012),对企业环境行为施加影响的能力日益增强。

另外,伴随着改革开放和社会经济的全面发展,社会权力结构发生了巨大的变化,个人和社会的力量逐渐增长,社会组织成为补充公共服务、参与社会治理的重要组成部分。在推动企业转向亲环境行为方面,社会组织通常采用"嵌入"体制内的方式和路径(Ho P et al.,2008:893-921)。近期亦有研究关注到社会组织利用市场竞争机制,对污染企业进行干预的新变化。社会组织因循污染企业所处的供应链,抓住企业上市等关键时机,通过上下游核心企业对污染企业施加压力,推动污染企业的绿色转型(张毅 等,2017;郭施宏 等,2021)。除此之外,消费者、投资者、债权人、新闻媒体、社会组织等相关利益主体绿色理念的加强,都会促使企业更积极地实施环境管理行为(陶岚 等,2013)。

第二个层面是企业自身层面,包括产权性质、董事会规模、股权结构、股权制衡度、独立董事比例、领导者的人口特征、绿色文化、先前经验、社区参与、组织支持感、国际化程度等(杨学儒 等,2019;任广乾 等,2021;王晓强 等,2018;程博 等,2018)。

总体而言,规模成熟的企业为了长远战略的考虑,倾向于制定治理污染的政策;规模较小的企业由于难以承担污染带来的惩罚,更快地加入污染防治的行动中;微型企业出于成本与利润因素的考虑,往往不会加入治污的行列中(赵龙 等,2015)。这一研究结论与本研究观察到的经验现象是一致的。

对企业环境行为驱动因素研究的一个显著发展趋势是日益关注驱动因素的动态变化以及各因素之间的交互作用(图 2-1)。

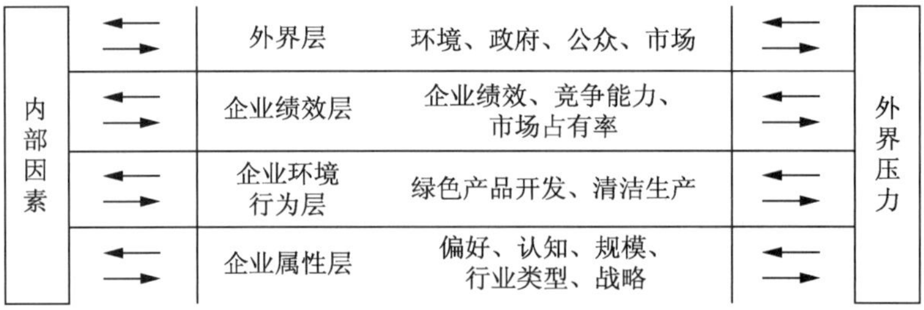

图 2-1 企业环境行为研究中各因素交互关系图

资料来源:孟庆峰,李真,盛昭瀚,等. 企业环境行为影响因素研究现状及发展趋势[J]. 中国人口·资源与环境,2010,20(9):100-106.

企业转向亲环境行为的后果与影响是该研究领域关注的另一项议题。围绕这一议题，已有研究分析了企业环境行为对企业经济收益的影响(李慧 等，2021)，环境规制下的企业亲环境行为对研发投资和生产率的影响(刘悦 等，2018)，企业环保主张对消费者绿色购买意愿的影响(毛振福 等，2019)，等等。

在这项议题中，关于“环保是否影响经济”的研究是产生较大争议、尚未形成一致观点的问题。一种观点认为，根据最传统的经济理论，增强环境管制会降低企业的收益(例如对企业征收污染税)，或者增加生产成本(例如更高的排放标准)(Palmer K et al.，1995)。有实证研究支持这一观点，发现环境规制对企业研发、创新有微弱激励作用，并且在污染密集产业，环境规制对企业生产效率增长产生负作用(Stefan Ambec et al.，2006)。另一种观点则认为，企业环境行为虽然增加了企业的环保投入，进而扩大了企业经营成本的范畴和体量，但却可以通过对环保的投入提升企业在公众心中的品牌效应，获得政府环保奖励，享受环保税收减免，从而在某种意义上提升企业经济效益，潜在的成本节约又会反过来刺激企业自愿改善环境行为(Segerson K，1988)；如果更严格的环境规制设计得当，便有可能给企业更大的激励去进行技术革新(Porter M et al.，1995)。

企业环境行为研究的第三项核心议题是企业对环境规制的回应。庇古和科斯分别基于外部性理论和产权理论提出用征收排污税和排污权交易来限制污染排放。之后的很长一段时间内，企业被视作被动的经济主体，其环境行为主要是为了满足政府的环境规制要求(孟庆峰 等，2010)。随着研究的推进和深化，企业的能动性被纳入分析当中。这种能动性体现在两个方面：一是企业面对环境规制具有不同的应对策略(邓峰，2008)；二是随着世界市场需求转向环境友好产品，企业将绿色环保纳入发展战略，自发、积极地调整产品、生产流程和经营活动(Russo M V et al.，1997；Sanjay Sharma et al.，1999)。

三、农民生计研究回顾

根据对生计概念的不同界定，可以将农民生计的研究分为三类：第一类是将生计作为谋生的手段，此类研究多见于生态研究领域；第二类是将农民生计纳入农民经济行为，此类研究多见于社会学领域；第三类则将农民生计的概念进行扩展，既包括生产实践又包括生活实践，乃至生活系统，此类研究主要属于人类学领域。

在生态研究中，生计被作为人类最主要的行为方式，用以探讨人类行为与生态环境的相互关系，因为农户作为农村最主要的经济活动主体与最基本的决策单位，其所采取的生计策略不仅仅决定着当地自然资源的利用方式与利用效率，更决定着当地生态环境的干预方式和干预强度，对生态环境产生深远影响(王成超 等，2011)。这一领域学者研究的主要内容是农户生计与土地利用、失地农民可持续生计与城镇化进程、农户生计与生态补偿、生计资源配置与生态环境保护、农户生计变迁与生态系统演变、农户生计与自然资源管理、农户生计发展变化与山区聚落(张芳芳 等,2015)。

农民的经济行为是指在一定的社会经济环境中,为了实现经济利益而对外部经济信号作出的反应。此类研究形成了"道义经济"和"理性小农"两派观点。主张道义经济的代表是恰亚诺夫、波兰尼、斯科特等,认为小农经济行为的主导动机是生存互惠、避免风险(James C Scott,1976)。主张理性小农的代表是塔斯克、舒尔茨和波普金,认为农民和资本家一样,都是"理性人",追求经济利益最大化(西奥多·W. 舒尔茨,1999)。两种观点不断被更多的学者发展,也受到另一方的批判。黄宗智在华北和长江三角洲乡村的研究中指出,坚持某一方面的特征而排斥其他方面是没有意义的,中国农民是舒尔茨与恰亚诺夫两个学派的混合体,既是利润的追求者,又是维持生计的生产者(黄宗智,1986:301-303)。凌鹏认为,在华北农村不同阶层的农户具有不同的行为模式,中上层的农户更接近于追求利润最大化的"资本主义企业家",中下层农户则更接近于追求生计保障和抵御市场风险的"实体主义小农"(凌鹏,2007)。

在人类学研究中,费孝通先生的研究对这一问题有较多的触及和反思,虽然他没有明确使用"农民生计"这一概念,但是在《江村经济》等著述中,谈论的的确是生计问题,只是生计的内涵更为广泛。他认为中国农民勤俭耕植,超出经济打算,甚至到了边际效益以下,也有的农民尽量减少劳动、减少消耗,以获取心理和闲暇的满足。在刘能的研究中,村庄生计被放置在国家和乡土社会的互动史中,概括了乡土中国的国家政策供给对乡村生计实践的长期影响(表 2-1),其中的生计实践包括了地权结构、社会团结、社会福利等诸多要素(刘能,2016)。

表 2-1 国家政策供给对乡村生计实践的长期影响

时序	国家政策供给	对乡村生计实践的长期影响
20 世纪 80 年代末 之前	集体化和人民公社制度	稳定的地权结构 强烈的地域社会团结 一整套有效的社会制度:赤脚医生/农田水利/五保户等
	城乡二元户籍制度	人口密度和集体(仪式)消费活动的较大密度支撑起低水平下的规模效应
	家庭联产承包责任制	经济理性的回归 家庭重新成为生计单位 1985 年农民收入达到顶峰
	乡镇企业勃兴和市镇贸易合法化	地方经济经营的生产和乡土社会的资本原始积累 更加紧密的乡土社会与外部社会的联系

（续表）

时序	国家政策供给	对乡村生计实践的长期影响
外部环境：全面改革开放和经济特区的建立；劳动力的全国迁移；持续工业化和城市化		
20世纪90年代以来	分税制	国家能力概念指导下的财政资源重新分配，乡村财政基础受损
	基层政区撤扩并	效率和财政约束原则下的国家收缩：伴随着一系列的收缩和撤退现象
	乡村学校撤扩并	计划生育政策和财政负担约束下社会事业撤退的典型 村小撤扩并造成年轻人口部分由于陪读而离开低级别地理单位，部分由于获取现金压力增大而外流打工
	退耕还林政策/取消农业税	在粮食种植业并不盈利的前提下，退耕还林政策和取消农业税政策具有扩散的均质化福利分配的含义
	新农村建设	新农村建设的符号含义，在于重新界定国家和乡土社会之间的福利关系，并凸显国家的福利责任
	集体林权制度改革	绝大多数省份完成了林地确权，确权林地成为未来可兑现的财富和现实中满足小型现金需求的重要来源

资料来源：刘能. 村庄生计研究：历史脉络和当代情境[J]. 江苏行政学院学报，2016(1)：61-70.

比较三类研究，生态研究对本书的主要启发在于关注了农户生计对于生态环境的影响，这也就是说明环境问题的产生，不仅缘于技术论所认为的粗糙的、初级的、产生污染的技术，也不仅限于制度论所认为的社会结构和制度体系的不完善，更与个人的日常生计密切相关。居民的日常生计与环境问题相互交织，意味着环境治理不能仅仅从环境质量的提升入手，还要考虑到生计对环境治理的影响。

农民的经济行为研究提出了农民的两种角色——利润的追求者和维持生计的生产者，前者追求经济利益最大化，后者则讲求生存互惠、避免风险。而中国的小农行为正如黄宗智所指出的，兼具这两种特征，这一结论对理解本研究中村民对不同治理方式的回应具有启发意义。但另一方面，这类研究主要指经济行为，而本书所要指出的正是经济行为与环境行为密不可分，经济行为也会产生环境后果。

人类学的研究有助于我们从生活方式、价值观念方面来理解农民行为，这些行为逻辑在某些方面与追求效率、快速更新的城市观念不同。了解人类学的研究，再回顾本研究中农民为了照顾家庭，倾向于从事在我们看来并不稳定和没有保障的工作，以及将废物利用、循环利用——尽管有些时候在卫生、健康方面存在风险——当作美德而广泛推崇时，就不会诧异。与此同时，人类学的研究使我们看到了“生计”一词的理论张力，它与地权结构、社会团结、社会福利等诸多要素都产生关联。本书将继续拓展这一领域，分析生计与环境治理的关系。

近年来，围绕“生计”开展的研究不断丰富，其内涵不断拓展，包括生计能力（冯梦黎 等，2021）、生计资本（邝佛缘 等，2021；吴嘉莘 等，2020）、生计恢复力（吴孔森 等，2021；卜诗洁 等，2021）、生计风险抵御能力（张朝辉 等，2021）、生计框架（苏海，2021）、生计模式（孙明扬，2021）、生计分化（齐振宏 等，2020）、生计抗逆力（李志平 等，2020）等。

将“生计”作为自变量的研究，分析了生计能力对收入结构的影响（冯梦黎 等，2021）、生计资本对宅基地退出意愿的影响（邝佛缘 等，2021）、生计对农户的营林决策（张朝辉 等，2021）和耕地撂荒状况（程先同 等，2021）以及人地系统演化（李文龙 等，2021）的影响、生计分化和结构嵌入对生态耕种采纳度的影响（齐振宏 等，2020）、人口生计对城乡关系的影响（邱泽奇，2020）、生计形态对少数民族婚姻形态的影响（张婧璞，2020）、对农户厨余垃圾治理支付意愿的影响（李坦 等，2020）等。

将“生计”作为因变量的研究，分析了以下因素对生计的影响：一是宏观层面的社会政策（赖玉珮 等，2012；王丹 等，2018；王晓毅，2016）、经济政策（李志平 等，2020）以及城市治理（何雪松 等，2021）；二是中观层面的生产规模、多样性、非农化程度、组织参与、家庭规模（纪金雄 等，2021）；三是个体层面的技能培训、信贷能力、社会联结度、主观社会融合（纪金雄 等，2021；肖宝玉 等，2020）。此外在新冠疫情防控常态化的背景下，有学者讨论了疫情对生计的影响（熊春文，2020）。

总体而言，许多学者已经就“生计与环境的相互作用”问题开展了研究，这为本研究奠定了良好的基础。但美中不足的是，在“治理”的研究视野中并未将生计问题纳入其中，生计对开展环境治理的影响没有受到足够的重视。而对塑料与废旧塑料治理的研究，重点则在于描述问题和解释成因，较少关注其“顽固性”的特征和个人在治理过程中能够发挥的作用，并未从生计视角给予进一步解释。本书以废旧塑料加工行业“散乱污”治理为例，分析农民生计作为关键因素如何影响环境治理的成效。

四、塑料垃圾治理[①]研究回顾

当学者提到“科学技术的异化”时，往往会提到塑料（崔凤 等，2010：88）。一方面，塑料可以低温塑形，颜色丰富且质地轻巧，给人们生活带来了诸多便利；另一方面，废旧塑料难以降解，给环境带来威胁，至今仍没有从根本上解决的办法。在过去的半个

① 塑料垃圾包括一代塑料垃圾和废旧塑料垃圾。塑料治理和废旧塑料治理是两个不同的概念，前者主要是对塑料本身产生的环境问题的治理，后者是对再利用过程中的环境问题的治理，但废旧塑料回收加工是治理塑料垃圾的方法之一，再利用加工的产品生成新的塑料制品，二者联系十分紧密，因此放在一起讨论。

世纪中，人们对塑料的讨论不绝于耳，对其评价也是褒贬不一，批评者认为塑料是“20世纪人类最糟糕的发明”，是白色污染的罪魁祸首；赞美者为塑料“正名”，认为目前为止没有任何一种材料可以在性能、安全、经济方面超过塑料。在人们的争论中，2007年12月，国务院出台限制生产销售使用塑料购物袋的通知，也就是人们所说的“限塑令”，经过十余年的政策实施，这一规定强化了人们节约资源和保护环境的意识，但无法使塑料退出人们的生活，因此对塑料和废旧塑料治理的研究仍然具有现实意义。

对塑料和废旧塑料的研究主要有两种取向，一种是从自然科学的角度研究和引介治理技术，一种是从社会科学的角度描述现状、探索治理方法。

就技术而言，本书只介绍与案例相关的背景性知识，不讨论具体工艺。废旧塑料回收利用的方法主要有两大类。第一类是熔融再生利用法，属于物理过程，工序为：预处理、分类、清洗、破碎、熔融造粒、重新成型。第二类是分解回收利用，包括热分解和化学分解、微生物分解、光分解三类，分解回收油气化工原料，或燃烧利用其热能，属于化学过程。国内废旧塑料回收利用大多采用热熔融再造粒的方法，主要过程为：废旧塑料人工分选、清洗、用二辊机热压混炼、拉片切粒或用小型单螺杆设备塑料造粒（曾人泉 等，1991）。

对于废旧塑料加工行业在农村落地生根，曾人泉等人指出，原来从市区到郊县有一套完整的回收机构，20世纪90年代各收购单位实行了独立核算，因此更加注重收购利润高的垃圾废物，比如废纸、废钢等，而废旧塑料利润较低，因此由拾荒者回收后大量流向农村（曾人泉 等，1991）。除利润原因之外，城乡不同的环保标准也促使废旧塑料加工行业在农村产生。关成等人进一步指出，由于废旧塑料加工的成品是低价位出售，工厂很难在大中城市附近建厂，而要转向排污要求不高甚至无要求的农村地区建厂，以此降低投资成本。这就决定了从业者大多是村里的农民（关成 等，2009）。

刘英俊指出，农民从土地上解放出来，需要新的生计来源，但是受限于自身教育水平和掌握的技能，大部分产业都无法从事，而废弃塑料再生产，从回收、分拣、清洗，到粉碎、干燥、造粒，都易学易会，能够迅速掌握。与此同时，这一行业投资少、利润高，市场广阔，因此已经涌现出数以万计的中小企业，形成回收队伍和集散市场，很多地方甚至将其作为经济支柱行业（刘英俊，2001）。

单独建厂规模较小，产能不足，无法满足大规模供货需求，导致竞争力不足，因此许多小规模的废旧塑料加工工厂和家庭作坊都集中建厂，于是出现了整条街甚至整村都从事这一行业的情况，这就是“塑料村”的由来（关成 等，2009）。

在治理方面，持“技术论”的学者建议采用废旧塑料自动化分选、废旧塑料生产合金材料和复合材料、再生塑料产品质量控制、废旧塑料再生资源环境污染控制四项关键技术(中国塑料协会再生利用专业委员会,2016)。殷进等人提出采取循环经济的思维,对于废旧塑料首先考虑再生利用,其次是焚烧回收能量,最后是填埋;在政策上将法律法规行政措施等强制性与发展规划中的倾向性相结合;建立完整规范的回收系统,从源头上减少废物;同时加强宣传教育,提高公民的环保意识(殷进 等,2006)。此外,侯红串等人提出国家应支持和授权再生塑料的集中管理,这是当前"入园管理"的雏形;发挥行业协会的行业管理作用;提出对再生塑料进口进行管理,防止"洋垃圾"入境(侯红串 等,2006)。

以上研究一方面作为本研究开展的基础,介绍了废旧塑料加工行业的基本技术和社会背景;另一方面作为环境治理的类别之一,依然具有技术论和制度论两个视角,但不足之处是忽视了结构和制度当中的个人。个人在塑料垃圾治理中能够发挥的作用和参与治理的机制并未得到讨论,本研究将弥补这一不足。

第二节
理论资源与分析视角

本研究的理论资源包括社会转型理论和环境复合型治理理论。社会转型理论具有丰富的理论资源，特别是关于20世纪80年代发生在中国、苏联以及东欧一些社会主义国家的社会改革的研究，深刻影响了中国本土转型理论的形成。本书基于中国社会转型理论，主要关注社会转型与环境的相互作用，也就是在环境社会学研究范畴中形成的七大研究范式[①]之一的社会转型范式。

这一理论范式与复合型治理理论在逻辑上具有一致性。社会转型理论认为，社会转型加速期在"社会转型度"[②]方面的特征是快速、全面、深层，难点在于利益调整和建设，发展向度在于探索中国特色的社会主义现代化道路和模式(郑杭生，2014)。复合型治理正是对环境问题和环境治理在这些问题上的概括，认为中国环境治理已经迈入面向整体环境的、依托整体环境的、为了整体环境的新阶段(洪大用，2016)。

整体而言，复合型治理理论是对社会转型加速时期环境问题和治理状态的分析，是针对转型期环境问题的社会特征和治理困境提出的治理路径，也是环境治理未来发展的趋势。

一、社会转型理论

郑杭生先生在20世纪80年代末以"转型中的中国社会""转型社会""社会转型"等概念描述中国社会所发生的巨大变化(郑杭生，2014：156)。社会转型着重强调社会结构的转型，意指社会从传统型向现代型的转变，或者说由传统型社会向现代型社

① 主要包括新生态范式、系统论范式、政治经济学范式、建构主义范式、整合性范式、生活环境主义范式和社会转型范式。

② 社会转型理论将"社会转型度"和"社会转型势"两个核心概念作为衡量中国社会现代化程度和能力的重要范畴。社会转型度反映的是社会各方面转型的程度；转型势指的是转型的能力，是分析转型能力、转型态势、转型趋势不平衡的概念工具。

会转型的过程，具体而言，是从农业的、乡村的、封闭的半封闭的传统型社会向工业的、城镇的、开放的现代型社会的转型(郑杭生，2014：157)。

中国的社会转型理论具有清晰的理论脉络和深厚的理论渊源——发展社会学。关于发展社会学与转型社会学的关系，主要有两种观点：一种认为社会转型理论属于发展社会学范畴(刘祖云，2006：55)；另一种将其视为两种并列的理论视角，发展理论强调制度运行的稳定性，转型理论则强调断裂和非连续性(文军 等，2017)。两种观点的共同之处在于认为发展与转型具有密不可分的关系。

转型社会学的形成，可以追溯到古典社会学中斯宾塞对军事社会、工业社会的论述，滕尼斯对共同体、社会的研究，涂尔干对机械团结社会和有机团结社会的划分，韦伯对宗法社会、理性化社会的论述；现代社会学理论帕森斯根据五个模式变项区分的传统社会和现代社会；当代社会学理论中贝尔提出的工业社会和后工业社会，以及贝克所提出的第一现代性社会和第二现代性社会(文军 等，2017)。

当前提到的转型理论，主要是指学者针对20世纪80年代发生在中国、苏联以及东欧一些社会主义国家的社会改革开展的研究，社会改革的核心是从计划经济向市场经济的转变。转型理论大体可以分为两类。一是对市场转型前置状态的研究，以科尔奈的软预算约束、塞勒尼的再分配经济和魏昂德的庇护主义论为代表。二是对市场转型演进过程的研究，包括资本主义取向(苏东)和社会主义取向(中国)，后者包括市场经济运行机制研究(简·奥义的地方政府法团主义、魏昂德的地方政府即厂商论、林南的地方市场社会主义理论)、国家与社会关系的研究(边燕杰的权力维系论、白威廉的政治市场双重转型论、周雪光的政治与市场协变论)(刘祖云，2006：56-78)。

郑杭生先生所提出的中国的社会转型理论，广义上属于转型论的范畴，但是具有鲜明的中国特色。其中所指的转型不仅仅是20世纪七八十年代以经济体制为核心的变革，而是指从1840年以来，中国从传统因素占主导地位的社会转变为现代因素占主导地位的过程。进一步地，根据“社会转型度”，可以将中国社会转型过程分为以下三个阶段，见表2-2(郑杭生，2014：160)。

这一理论提出以来被广泛应用于分析各类社会学议题，并得到了进一步的延伸、深化和发展。在环境社会学领域，这一理论用于分析社会结构与环境的相互作用，形成了社会转型范式。这一范式的主要观点如下(洪大用，2001b：85-86)：

第一，中国社会转型凸显了环境问题。一方面，意识形态禁区被打破，中国敢于承认自身存在的环境问题；另一方面，对内和对外开放促进了环境信息的传播。

第二，中国社会转型加剧了环境问题。处于加速转型期的社会，难以协调经济发展和环境保护的关系。伴随着工业化、城市化、区域分化过程，新的环境问题也随之产生。

表 2-2　中国社会转型在不同时期的表现

转型度	第一阶段 1840—1949 年	第二阶段 1949—1978 年	第三阶段 1978 年至今
速度	慢速	中速	快速
广度	片面	相对片面	全面
深度	表层	较深层	深层
难度	军事上的难	建设上的难	利益大调整的难+建设上的难
向度	寻求资本主义现代化道路和模式	接受苏联式社会主义现代化道路和模式	探索中国特色的社会主义现代化道路和模式

资料来源：郑杭生. 社会运行学派轨迹：郑杭生自选集[M]. 北京：首都师范大学出版社，2014.

第三，社会转型加剧了环境管理的难度。在计划到市场的过渡过程中，两种不完善的体制交叉会产生一些更加不利于环境保护的机制。个人、地方、部门的利益被强化，显性化的利益冲突凸显，对于环境造成不利影响。城乡二元控制体系下，城乡环境控制之间存在差异。

第四，当代中国社会转型也为改进和加强环境保护提供了新契机。发展战略的转变对环境保护更为有利，与此同时，社会转型为环保组织创新提供了空间和有利条件。

本研究采用社会转型视角分析定州市环境治理的原因在于：首先，定州市废旧塑料加工兴起于 20 世纪七八十年代，正处于社会转型的加速期，这一行业的发生发展与转型期的社会发展阶段相一致，采用社会转型视角，能够提供一种历史的视角，分析该市废旧塑料行业发展的必然性、产生污染的结构性原因。其次，社会转型视角注重分析"环境问题产生的社会原因及其社会影响"，定州市废旧塑料加工行业治理从"野火烧不尽，春风吹又生"转变为"统一入园，规范管理"，其中反映的不仅仅是社会与自然之间的对立，从根本上讲，更体现了社会主体间的社会互动和关系。这种转变正是归结于背后的社会原因，因此社会转型视角对于研究问题具有较强的解释力，也为未来这一行业的环境治理提供了可行性分析。具体如下：

第一，不同时期的人们有着不同的"废旧塑料加工观"，起初，废旧塑料加工被视为治理废旧塑料垃圾产生的环境问题的一种途径，后来又被作为"环境问题"本身来看待。这一过程是环境污染产生的过程，也是环境问题建构的过程，这个过程即是"社会转型视角"指出的"社会转型凸显了环境问题"。

第二，定州市塑料村的村民从事这一行业，最重要的驱动因素就是经济利益。基层政府也一度将其作为村民致富和发展地区经济的途径而大力扶持，在处理"经济发展"与"环境保护"关系时，更加注重经济发展，这一行业的迅速发展，也产生了源源不断的污染。可见，正是"中国社会转型加剧了环境问题"。

第三，废旧塑料加工行业逐渐流入农村，并在农村扎根，发展了三四十年之久，探寻背后的原因，便是城乡二元格局，无论是经济水平还是环境治理标准，都存在巨大差异。当下，在废旧塑料加工行业治理的攻坚期，治理难度也在于这一行业与农村生产生活方式甚至认知观念的深度嵌入。

二、复合型环境治理

国外学者蒂姆·佛西曾提出“合作型环境治理”，这一概念与“复合型治理”十分相似，但提出的背景却不同。它更加侧重因全球化导致的对新型治理的需求。西方这一概念的提出用以回应21世纪初国际环境政策的实施受到来自传统国家的两个重要挑战：一是国际营利部门在国家管辖权限之外进行的投资大幅增加；二是对在发达国家和发展中国家、国家与地方之间实施的有关国际环境政策产生了日益增长的争议。因此就需要实施一种新型的治理，这一治理既不会对国际公司在某国进行地方性投资发生损害，同时也可以保证地方环境政策的低风险性和合理性（蒂姆·佛西 等，2004）。

中国“复合型治理”的提出则立足于当前中国环境的总体形势和治理现状。洪大用在《复合型环境治理的中国道路》一文中指出，随着我们对环境系统自身运行规律、环境系统与社会系统互动规律和社会运行规律认识的逐步深化，我们对环境状况及其治理的认识也日益清晰。相应地，我国环境政策也在发展演变中日益完善，一个更加科学合理的环境政策体系正在形成，我国正在迈向复合型环境治理的新时代，即面向整体环境的、依托整体环境的、为了整体环境的综合治理和社会变革时代。具体体现在七个方面：一是对环境政策的目标有了更加科学的认识和界定，二是在环境政策的约束对象方面从主要针对直接污染主体扩展到约束所有关联主体，三是在环境政策工具方面从主要依靠行政管制扩展为综合运用法律、经济、技术、社会、行政等多种手段，四是在环境政策的创新主体方面从主要依赖政府逐步走向政府、市场和社会的协同创新，五是在环境政策基本取向方面有从扩大和改进供给向更加严格的需求管理转变的趋势，六是在政策关联性方面有从实际分割走向高度整合的趋势，七是在环境政策执行问责方面有从侧重强调环保部门问责到加强党委政府整体问责的趋势（洪大用，2016）。

近几年复合型治理的研究不断增多，复合型治理已经成为学界的共识。在复合型治理的七大特征中，当前学界普遍侧重第四项——在环境政策创新主体方面，强调多元主体的共同参与。这一研究倾向与当前环境治理领域的不足密切相关。在这一语义背景下，对复合型治理的研究进行回顾，主要包括实行复合型治理的原因、理论与现实基础、实现路径与方法等方面的内容。以下将对这三类内容的代表性成果逐一引介。

实行复合型治理的原因类研究，主要包括以往单一主体治理方式形成的历史背景、单一主体治理的不足、复合型治理的优越性以及复合型治理对社会系统的影响。

谭斌等人认为，以政府为主导的单一化管制型环境治理模式是在40多年的环保实践基础上逐步形成的。长期以来，环境问题一直被视为纯粹的自然演化问题以及因治理技术落后导致的问题，并未从公共问题的角度出发来解决。传统环境治理模式采用行政管制手段，强调政府在环境治理中的主导地位，忽视了企业、民众、社会组织等其他环境治理主体作用的发挥。环境持续恶化表面上看源于行政性治理的乏力，实质上是多元政治力量博弈过程中主体缺位的问题。其一，政府既当裁判员又当运动员。其二，企业违法成本太低，投资环境治理的意愿不强。其三，社会公众在环境治理中处于边缘位置。其四，社会组织在环境治理中的作用发挥有限(谭斌 等，2017)。

陶建钟提出，“国家主导、社会自主”的复合治理模式的优越性在于：一方面，国家或政府仍然保持较强的资源整合能力与制度创设能力；另一方面，社会作为一种相对独立的力量而存在，并承担了(国家)政府退场后形成的职能空缺，国家与社会在职能上有所偏差并互为倚重，两者的界限清晰而稳定。同时，日益成长的公民利益以及不断放大的参与动力，能在公民理性指引下得以制度化伸张与诉求，避免了公民与国家的直接对抗(陶建钟，2014)。

王芳认为，面对环境高风险社会的来临，对以国家为中心、政府为主导、污染控制为主要目标的传统环境管理模式进行变革势在必行。构建一种新型的由国家、市场和公民社会三种风险治理机制各司其职，政府、企业、科技专家、大众传媒、社会组织及公众个体等多元主体共同参与、相互合作与制衡的环境风险复合型治理结构，既是推进环境管理理念更新与实践转向的一个重要着力点，也是实现对转型中国环境风险有效治理的理性选择(王芳，2016)。

有关复合型治理的现状与实行基础的研究代表如下：

罗小芳等人提出，20世纪50—70年代，发达国家的环境政策在环境干预主义学派的影响下，以命令与控制为主；20世纪70—80年代，在基于所有权的市场环境主义影响下，以开拓市场调控机制为主；20世纪90年代至今，处于强化环境自约束管理阶段，以强化自愿协商机制为主(罗小芳 等，2011)。

朱德米等人提出，我国环境治理经历了从行政主导走向行政、市场、社会合作治理转型的过程。从行政主导、举国体制、分地区分部门负责统一监管的制度框架转向行政、市场与社会之间合作治理的制度框架，整合行政、市场与社会公众三种机制，破除“区域边界”与“功能边界”，发挥协同效应是我国环境治理制度替代的现实选择。有效环境治理的制度框架仍然处于建构过程中(朱德米 等,2017)。

范丽娜认为,中国社会全面转型背景下的环境治理是以政府为主导的单一化的管制型环境治理。到了21世纪初,环境治理制度创新有两个主要取向:市场取向的制度创新和治理主体多元化取向的制度创新。目前,以政府为主导的环境治理大背景仍然没有根本改变,但是已经加入财政激励等市场化的创新内容。因为"环境"自身具有"不可被代表"的特性,传统的政府主导模式难以实现有效的环境治理。正因如此,开放、参与和合作的多元治理模式成为环境治理的主流(范丽娜,2018)。

关于复合型治理的现实基础,谭斌等人提出,2015年1月新的《中华人民共和国环境保护法》增设一章专门规定了"信息公开和公众参与",这是首次把公众参与作为基本原则予以表述。2015年5月,国务院印发的《2015年推进简政放权放管结合转变政府职能工作方案》为"企业、公众与政府在环境治理中的协同合作"提供了依据。2015年9月实施的《环境保护公众参与办法》更是全面具体地对公众参与环境治理的途径、程序、保障进行了规定,并且明确了政府在其中的协助和指导责任。2015年11月出台的《中共中央关于制定国民经济和社会发展第十三个五年规划的建议》进一步从国家政策层面明确了新时期多元共治的环境治理体系中的治理主体应包括政府、企业和公众。十九大报告明确提出,积极构建"政府为主导、企业为主体、社会组织和公众共同参与的环境治理体系",目的是动员全社会力量参与环境治理(谭斌 等,2017)。

关于复合型治理的理论基础,沈洪涛等人提出,政府、企业和公众共同参与环境治理具有厚实的经济学理论基础,是新古典经济学和新制度经济学思想在环境保护政策中的体现,但理念的落地需要切实可行的实现路径,因此需要构建促进三方协同、实现经济发展与环境保护共赢的机制(沈洪涛 等,2018)。

此外,一些学者围绕复合型治理的实现路径与方法展开了研究,这一类研究还给予了农村环境治理特别的关注。

王天夫等人借鉴协作治理的权变模型构建基层治理创新路径选择的分析框架,讨论当前实践中以动员为基础、以补位为促进、以重构为整合三种路径的差异(王天夫 等,2017)。

谭斌等人提出,多元共治的环境治理体系是环境治理的必然选择和发展趋势。其路径选择是完善多元共治制度机制,包括完善行政指导机制,深化考核机制的"绿色化"转化;完善市场机制,发展政策性金融,建立绿色金融体系;完善公众参与机制,将政府治理和社会自治有机结合(谭斌 等,2017)。

在乡村关怀方面,谢中起等人提出,农村社区环境治理是实现完善农村社会生活共同体的重要环节,因此应该建立起"政府—农村社区—社会组织"互补型的生态治理结构,以政府为主导,以农村社区为基础,并积极动员社会组织的参与(谢中起 等,2013)。

刘伟认为,我国当前的乡村环境治理体系和运行模式难以适应乡村振兴要求。一是国家力量进场虽然强化了科层治理能力,但是深层的体制性障碍仍然存在;二是由于缺乏完备高效的制度激励,市场行动者的参与功能未能充分发挥;三是农村空心化和自治组织软体化趋势,造成市场与社会力量参与水平不高。基于此,乡村环境治理模式转型,必须嵌入基层社会空间的行动者网络之中,通过重构和优化行动者关系结构,将科层、市场和社会自组织力量结合起来,构建乡村环境协同治理的新模式(刘伟,2018)。

宋言奇等人提出,传统农村社区环境治理的主要途径是村规民约、社区舆论、社区"能人"、生态文化等,其内在机理是传统农村社区具有"熟人社会"的人际网络与较好的人际关系,"熟人社会"的人际网络与较好的人际关系衍生出一种社区"人际奖惩机制",支撑着村规民约、社区舆论、社区"能人"、生态文化等发挥作用。传统农村社区环境治理对当今的借鉴之处在于注重社会资本、注重发挥"能人"作用、注重生态文化等(宋言奇 等,2017)。

杨丽丽等人提出,以农民专业合作社为责任主体来治理农村环境问题。作为当今世界最为成功的合作组织类型,农民专业合作社能够作为新的责任主体在农村环境治理中发挥作用。它是农户和政府之间的中间组织,既能遵循政府的相关规定,也能带动农户发展生产。农民专业合作社担任农村环境治理的责任主体在为农民增加收入的同时,也营造了更加适合居住的生活环境。因此,政府要鼓励发展农民专业合作社,为农民专业合作社的发展创造更多的条件,让它的作用发挥得越来越明显(杨丽丽 等,2014)。

以上研究对复合型治理的推行原因、理论与现实基础、实现路径与方法进行了分析,为本书建立了良好的研究基础。但美中不足的是,忽视了在环境治理方面推行复合型治理的重要因素——农民生计,而农民生计背后则是环境公平问题。环境公平一方面意味着承受环境风险的公平,另一方面也意味着承担治理成本的公平。

本书即以定州市废旧塑料加工行业为例,分析从"野火烧不尽"到"统一入园管理"过程中治理行为从以罚代管到运动式治理,再到建立园区、帮助村民实现生计转型,政府与村民"成本共担"发挥的关键作用。前期一味关停实则是村民承担了全部的环境治理成本,因此难以长期为继;而政府引进企业建立再生资源基地使得村民实现生计转型,则是政府与村民"成本共担",实现了较好的治理效果。本书指出,要实现环境的有效治理,需要走复合型治理道路,而在农村地区,实现复合型治理的关键在于合理分配环境治理成本、注重环境公平。与此同时,本书验证了以往研究所提出的农村环境复合型治理需要依靠村庄原有的权力结构和乡土关系。

第三节
概念界定

一、“散乱污”企业

《河北省集中整治“散乱污”工业企业专项实施方案》对“散乱污”企业进行了明确界定。“散乱污”企业是指：不符合产业政策，不符合当地产业布局规划，未办理工信、发改、土地、规划、环保、工商、质监、安监、电力等相关审批手续，不能稳定达标排放的企业。

其中，“散”是指分布散乱。多分布于农村与城乡接合部，不在工业聚集区内，位置较为隐蔽。“乱”是指不符合城镇总体规划、土地利用规划、产业布局规划，且多为无证无照、证照不全、违法建设、违规经营企业。“污”是指无污染防治设施或污染防治设施不完备、不能对产生的污染物进行有效收集、无组织排放严重的企业，污染防治设施不具备达标排放能力的企业。可分为涉气超标排污企业与涉水超标排污企业。

这类企业规模小，工艺差，多数是家庭作坊式企业或者个体工商户，包括有色熔炼加工、橡胶生产、制革、化工、陶瓷烧制、铸造、丝网加工、轧钢、耐火材料、碳素生产、石灰窑、砖瓦窑、废塑料、石材加工，以及涉及涂料、油墨、胶黏剂、有机溶剂等使用的印刷、家具等小型制造加工企业。就调研地而言，塑料行业最为突出。

二、环境治理

学术研究表达解决环境问题的实践时使用较多的概念有环境控制、环境管理和环境治理。

环境控制属于社会控制的一种，是指社会组织体系运用与自然相关的规范以及与之相应的手段和方式，对社会成员的环境行为及环境观念进行指导和约束、对各类与自然环境相关的人与人之间的关系进行调节和制约的过程（崔凤 等，2010：190）。

环境管理立足于管理的基本理论，是指关于特定环境目标的实现。杨贤智等人认为，环境管理是一门综合性的科学，是环境科学的一个重要分支，它融合了环境科学、管理科学、社会科学等，涵盖了自然科学和社会科学的范畴。环境管理通常从更客观、策略、通盘、整体的角度来研究与处理环境问题(杨贤智 等，1990)。

本书认为，环境控制概念忽视了政府以外其他主体的参与，环境管理概念侧重宏观规划，而环境治理概念侧重具体实践。就本书而言，采用环境治理更为贴切。

陈崇山在《治理理论给受众参与的启示》一文中引用了全球治理委员会的定义，并总结了治理的特征，认为治理是各种公共的或私人的个人和机构管理其共同事务的诸多方式的总和。其特征如下：第一，治理不是一整套规则，也不是一种活动，而是一个过程；第二，治理过程的基础不是控制，而是协调；第三，治理既涉及公共部门，也包括私人部门；第四，治理不是一种正式的制度，而是持续的互动(陈崇山，2003)。

目前国内关于环境治理的定义尚无完全一致的结论。刘天齐认为，环境治理是指运用行政、法律、经济、科技与教育等手段，预防与禁止人们损害环境质量的行为，鼓励人们改善环境质量的活动，通过全面规划、综合决策、制定环境目标、选择行动方案，正确处理发展与环境的关系，实现既满足当代人需求又不危及后代人满足其需求能力的发展(刘天齐，1996)。叶文虎指出，环境治理是通过对人们自身的思想观念和行为进行调整，以求达到人类的发展与自然环境的承载能力相协调。也就是说，环境治理是人类有意识的自我约束，这种约束通过行政的、经济的、法律的、教育的、科技的手段等来进行，是人类社会发展的根本保障和基本内容。综上，本书的环境治理是指各种公共机构及个人运用环境政策、环境制度等工具，控制环境污染、规范环境行为、提高环境质量的实践(叶文虎，2000：12)。

三、生计转型

“生计”概念被广泛用于有关农村和贫困的研究中，斯库恩斯(Scoones)认为生计由维持生存发展而具备的能力、资产(物质资产和社会资产)以及行动组成。它比“经济”更具有农村特色，比“工作”“职业”“收入”的内涵更为丰富，体现出生存状态的复杂性和为了生存安全而采取的策略(李斌 等，2004)。

广义的生计包括生计资本、生计策略、生计风险等诸多内容，本书主要指涉生计方式，即农民为维持生产生活所采取的谋生方式。

本书的生计变化包括两个阶段，第一阶段从农业转向非农业，第二阶段是从手工作坊转向合法企业等其他方式。第一阶段的转变主要以逐利为目的，转变后的生计方式具有环境外部性，也就是从业者的生产行为对他人产生了不好的影响，但没有为此承担相应成本；第二阶段则是从外部化的成本部分地转向了内部。此处需要澄清的是，本书所使用的“生计转型”概念，由于转型理论指涉从传统到现代的转变，而容易被理解成从传统型生计到现代型生计的转变。事实上，这里的转型是在生计方式所产生的环境后果和承担的治理成本的意义上讨论的，即从环境污染型生计方式转向亲环境型生计方式，从外部化的治理成本转向内部化。

根据生计方式对环境产生的影响以及个人作出生计选择时的环境自觉程度，可以将生计方式分为四类：内生型环境友好生计方式、外生型环境友好生计方式、失能型非友好生计方式、牟利型非友好生计方式。内生型环境友好生计方式是指个人具有较高的环境自觉，在作出生计选择时主动选择对环境污染较小或有利于环境保护的生计方式；外生型环境友好生计方式则是迫于制度舆论等外在压力被动选择对环境污染较小的生计方式；失能型非友好生计方式是指个人由于结构性制度性原因不得不从事污染环境的生计方式；牟利型非友好生计方式是指为了牟取利益不惜牺牲环境的生计方式（图 2-2）。

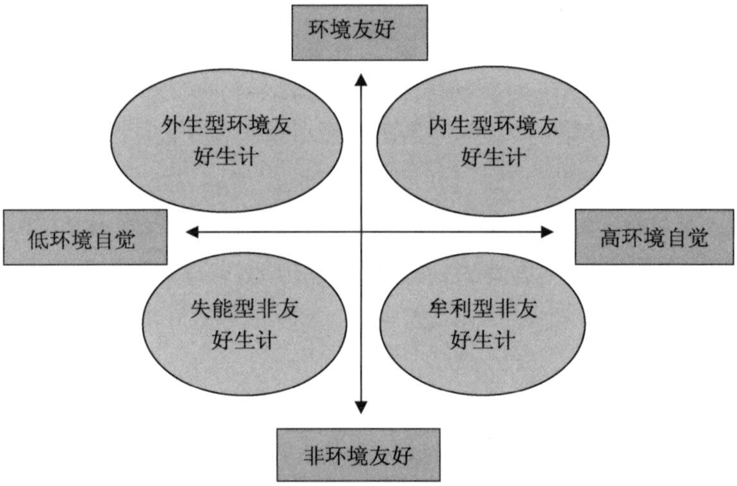

图 2-2　生计方式类型图

具体而言，本研究中的废旧塑料加工作坊属于非环境友好型生计方式，建立园区之后，入园生产、转行从事养殖业等生计方式属于亲环境型生计方式。从手工业转向养殖业是从环境污染型生计方式（非环境友好型生计方式）向亲环境型生计方式的转型，但不是传统向现代的转型。当然，大多生计方式都会产生环境后果，入园生产和养殖业比环保产业产生的污染更多，但这里与手工作坊相比产生的污染更少，也就是说，这里对环境污染型和亲环境型生计方式的划分是相对而言的。

四、环境公平

环境公平的概念是美国环境运动的重要成果。早期美国的环境保护运动主要是关于保护野生动物、呼吁生态保育和资源管理、采取行动抵制和减轻污染等。以美国北卡罗来纳州瓦伦县发生的一次事件为标志，环境运动由单纯关注环境状况，转而关注社会结构的调整和社会过程的优化（洪大用，2001a）。

大体而言，环境公平具有两层含义。第一层含义是指所有人都应有享受清洁环境而不遭受不利环境伤害的权利；第二层含义是指环境破坏的责任应与环境保护的义务相对称（洪大用，2001a）。

洪大用从国际、地区、群体三个层次分析环境公平问题的表现。国际层面的环境公平问题，表现为发达国家不能公平地承担与其责任相称的义务，总是过多地责备发展中国家，企图靠牺牲发展中国家的经济发展来解决问题。地区层面的环境公平问题有两个：一是在城市环境整体上有所改善的同时，环境污染向农村扩散，农村环境状况不断恶化；二是东部地区与西部地区在获取资源利益与承担环保责任上的不协调。群体层面上有两个环境公平问题需要关注：一是社会上的富人在占有较多环境收益的同时，却不太愿意尽环境保护的义务；二是当代人为了自己的需要，攫取资源，杀鸡取卵，削弱了后代人满足其需要的能力与条件（洪大用，2001a）。

第三章 研究方法与研究问题

不同学者对研究方法的界定和分类不同[①]，为详细论述具体过程，这里采用袁方的分类标准，对资料收集过程和研究过程分别论述。收集资料的方法包括访问法（无结构式访问、深度访谈）、客观陈述法和座谈会、观察法（参与观察和非参与观察）。与此同时，使用文献研究的方法对官方文献和大众传播媒介资料进行分析，梳理环保局的组织结构和“散乱污”企业治理制度的形成与变迁轨迹。研究方法为实地研究法（也称个案研究、参与观察），采用这一方法主要出于以下考虑。

就实地研究方法的特点而言，洛夫兰夫妇在其著作《社会情境分析》中提出几种适合实地研究的社会生活因素，其中包括实践、情节、邂逅、角色、关系、群体、组织、聚落、社会世界、生活形态或亚文化等（转引自艾尔·巴比，邱泽奇译，2018：286）。本研究以定州市废旧塑料行业的“散乱污”治理为案例，其中涉及具体的实践、情节、邂逅[②]、角色、关系、群体、组织以及生活形态，因此实地研究方法对本研究较为适用。此外，采用这一方法能够对个案的社会背景进行全面的把握、对事件过程进行深入的剖析，便于从事物的整体和多个方面进行系统、全面、深入、细致的分析。如果采用其他方法，则可能忽略事件展开的宏观背景和社会结构以及在自然情景下态度和行为方面的微小差异。

---

① 例如，袁方将社会研究的主要方法分为四类，即统计调查、实地研究、实验和文献研究；将资料收集方法分为问卷法、访问法、量表与测验法、观察法。劳伦斯·纽曼则未将研究方法和资料收集方法作严格区分，将研究方法分为两大类：定量研究，包括实验研究、调查研究、非反应研究与二次分析；定性研究，包括实地研究、历史比较研究（劳伦斯·纽曼，郝大海译，2007）。艾尔·巴比将研究方法分为实验法、调查研究、定性的实地研究、非介入性研究和评估研究五大类，每一类方法又包含了诸多不同的研究范式（艾尔·巴比，邱泽奇译，2018）。

② 邂逅是指包含两人以上的会面以及在直接状态下与他人的互动。

在实地研究的知识论层面，采用个案研究是因为研究者相信对社会现象整体的理解无法单纯靠仿自然科学和体系性调查一样的分解该现象再予以聚合来达成，而须针对有限时空下的事件发展，取得更缜密而完全的信息（包括情境脉络的特色、细致的因果机制，以及深植于现象背后的文化与价值等隐晦的元素），希望以透过深度观察与解析某特定分析单元的特质为基础，作为跨层次推论的依据，进而了解其所属类别的整体性质（瞿海源，2013：228-230）。这里强调以特定分析单元推论所属类别，本书并非对全部主体参与环境治理的机制进行分析，而是聚焦"散乱污"企业的从业者这一群体，其本质特征是"受害者兼施害者"，在此种情形下，环境破坏行为往往与生计诉求紧密相关。与此同时，要回答"如何实现多元主体参与的复合型治理"这一问题，仅仅对多元主体进行分类是不够的，还需要从更为系统的角度综合考虑外显的和隐晦的因素，例如受害与施害双重身份的形成、生计因素对生活系统的嵌入、推动生计转型的文化背景和权力结构等。

在实地研究的方法论基础方面，瞿海源提出，对个案方法的反思归结到一个核心的方法论问题即是人们应否师法自然科学的方式研究社会现象，由于社会现象与自然现象有本质差异，因此应当发展出更符合其需求的研究途径（瞿海源，2013：245）。在导论部分，本书已引介洪大用的观点，强调了环境问题的社会属性，这种属性决定了本研究采用实地研究的方法更为合适。所谓更符合社会现象需求的研究方法，主要体现在四个方面：一是掌握研究者与被研究者之间的互动；二是不能将社会现象从其产生的脉络中抽离出来，而须理解完整的意图与情境；三是关注事件在时间纵轴上的变化；四是对于复杂的情境需要更细致的沟通或长时间的学习（瞿海源，2013：245-249）。笔者在开展研究时以学习者、观察者、参与者的身份进入田野中学习相关知识并与研究对象进行互动，循着时间脉络对塑料行业"散乱污"治理的历史进行了归纳，并努力对事件背后的系统性因素和形成机制进行分析。

综上，从特点、知识论和方法论基础三个方面看，本研究适合采用实地研究的方法。下面将对调查点的选择、进入、概况，以及具体的资料收集和分析方法进行论述。

第一节
调查点的选择与进入

本研究的调查地点是位于华北地区的一个县级市——定州市。围绕该市废旧塑料加工行业的"散乱污"治理,调查范围包括环保市局单位、相关政府部门、再生资源基地、行业所在的区域及以外的区域。其中调查"行业所在区域"时,由于该市的涉塑"散乱污"企业并非在全市各地普遍存在,而是主要集中在沿河及附近的3个乡镇下辖的28个村庄,因此对市级层面的研究最终落到了村庄和村民层面。在这些村庄中,稠村起源最早,村里从事废旧塑料加工的人数最多,产业链条最完整,治理效果最明显,因而成为本书研究资料收集的主要来源。与此同时,为了避免将该村的"个性"当作该市所有涉塑村庄的"共性",并且通过不同来源判断信息的可靠性,本书将楠村和槐村作为参照,由此形成了本书访谈对象的脉络:治理者——包括市局、乡镇、村委三级;被治理者——包括村内、村外、园区内的涉塑企业;利益相关者——"塑料村"和定州市"非塑料村"的村民。

一、调查点选择

仇立平梳理了《江村经济》《金翼》《礼物的流动》等经典研究对于调查点的论述,提出方便和熟知、相对的代表性是研究者在实地研究中选择调查点时两个最重要的考虑因素(仇立平,2010)。

首先,在方便和熟知方面。本研究对方便性的考虑主要在于定州市地处华北平原腹部,交通便利,加之与中国人民大学开展校地合作,为研究的开展提供了诸多便利,这一点将在调查点进入部分详细论述。对熟知性的考虑包括:一方面,从2015年到研究成果呈现,其间有三年以上时间了解和融入田野;另一方面,该地具有深厚的学术底蕴,中国社会学历史上在定州市开展的社会调查具有里程碑式的意义,近百年以来晏阳初、李景汉、郑杭生先后带领团队在此处开展调查研究和社会实践,关于定州市的研究成果不胜枚举。这为笔者了解该地历史发展情况提供了丰富的资料,同时为本研究提供了学术坐标,为纵向比较和横向参照提供了可能。

其次，在典型性方面。个案研究的“扩大化推理”逻辑与统计调查不同，由于个案研究的总体边界是模糊的，因而个案不是统计样本，不一定需要具有代表性，而是遵循“分析性推理”逻辑，也就是直接从个案上升到一般结论。为了扩大个案研究的外推范围，使其具有更大的价值，需要保证个案的典型性，换而言之，个案需要集中体现某一类别现象的共性特征。共性特征可以分为三种类型，即普遍现象的共性类型、反常（或离轨）现象的共性类型和未知现象的共性类型，简言之是集中性、极端性和启示性。一个个案往往具有多重特征，从多重维度审视这些特征，个案可能兼具不同的共性类型。本研究选取的个案兼具“普遍现象的共性类型”和“反常现象的共性类型”。

在集中性方面，定州市从事废旧塑料加工的手工作坊具有“散乱污”企业的主要特征和属性：一是这些手工作坊散乱分布在农村地区并且位置隐蔽，治理成本较高；二是以家庭院舍为工作场所，不符合产业布局规划，属于违规经营企业；三是手工作坊的设备及工艺都十分简单，缺少污染防治设施或污染防治设施不完备。因此，研究定州市废旧塑料加工行业手工作坊的治理实践对于“散乱污”企业的治理具有典型性。

在极端性方面，这一案例是“生存”与“生活”矛盾关系中的一个反常现象。生存是维持生命系统的存在和生长，生活是比生存更高层面的状态，个人可能出于生存需要以破坏环境为代价降低生活水平来获取经济收入，但这个降低往往具有一定的限度。而本书个案中的废旧塑料加工从业者，为了维持生计已经将环境破坏到了威胁生存的地步，这一极端的案例对于分析生计方式和环境保护行为之间的关系具有典型性。

最后，选择该地还有以下几点考虑。

区位优势。定州市处于京畿要地，其社会发展与变迁深受各个时期政治经济发展的影响。例如在宋代，该地的军事位置受到重视，经济都带有军事色彩；明清时期政治中心北移，该地的交通业和集镇经济得到很大的发展（米玲，2017）。当前，定州市属于被称为“千年大计”的京津冀协同发展战略区域当中，这一地区的发展具有了更为重大的现实意义和深远的历史意义。因此，反过来说，对定州市的研究也能在一定程度上反映当前这一时期的政治、经济和社会特征。

“变异”特征。废旧塑料加工村与当前定州市的整体特征具有一定差异，有学者认为社会转型加速期，定州市与中国整体社会一同发生了巨大的变化，突出表现为农业市场化、劳动力流动、思想意识转变、出现农村劳动力市场。首先，农业的市场化、产业化、机械化程度不断加深，形成了奶牛、生猪、蔬菜、花木四大特色产业。其次，大量农村劳动力长期外出就业，原来仅仅需要家庭劳动力即可完成的生产工作开始依赖家庭外劳动力，传统建立在“换工”和互助基础上的社会支持网络受到极大冲击，因此农村劳动力市场开始萌芽。最后，定州市在历史上就具有较强的流动性，根据 2003 年定州市非典办统计，当时外出务工人员已经超过九万人，他们年初外出年末返乡过着候鸟式的生活（汪雁，2012：74）。但是，在以榈村为代表的废旧塑料加工村却与之十分不同，大部分村民由于从事废旧塑料加工（图 3-1），农业市场化的特征并不显著，劳动力的流动性相对于其他地区较低，这种变异能够显示出行业对整个社会生活的塑造。

图 3-1　废旧塑料加工-加热出粒环节

治理效果。定州市体现出环境问题的严重性和治理结果的显著性。定州市环境问题的严重性体现在其地理位置、主要产业、燃煤量和空气质量方面（图 3-2）。地理上，定州市位于河北省中部偏西，太行山东麓。太行山阻挡了西北风，不利于大气污染物扩散。产业上，定州市第二产业比重最大，也是废旧塑料、炼油、钢网加工、防水卷材制造等传统“三高”（高投入、高污染、高能耗）产业的汇集地。燃煤量方面，定州市年均燃煤量是周边地区的 4 倍。废弃排放物方面，河北省二氧化硫的排放量约 110 吨，氮氧化物 135 吨，粉尘 157 吨。从治理结果上看，定州市建立的产业园区、率先提出的网格化治理、在大气污染防治方面的工作受到了环保部表彰，各地环保局及其他部门纷纷

图 3-2　定州市秋季重污染天气图

学习效仿。就推论范畴而言，定州市的环境治理对华北地区的基层环境治理具有最直接的借鉴意义。

二、调查点进入

定州市与中国人民大学社会学学科有着悠久的历史渊源。著名社会学家李景汉先生和郑杭生先生先后主持过该地的社会调查和追踪调查。为了接续定州市调查传统，揭示该地农村社会百年变迁的轨迹，持续推进社会学的本土化，建设和发展中国特色社会学学科，社会与人口学院于 2015 年启动了新一轮的社会调查。笔者作为项目组培养的第一批学生，以调查员的身份进入定州市开展实地研究。

2015 年 7 月，笔者随项目主持人洪大用及项目组其他老师第一次前往定州市，对定州市的经济社会发展状况形成了初步的直观感受。2015 年 10 月、2016 年 1 月经项目组老师联络两次前往定州市进行社会调查，对若干村镇的生产生活、风俗文化、宗教信仰、教育医疗、社会治理等方面开展调研。整体而言，定州市农村仍是一个熟人社会，第一次调研的最后几天，已经有出租车司机听说了中国人民大学的师生来本地调研，并在途中主动询问主要调研哪些内容；第二次调研的地点与前一次没有重叠，但当地干部和村民也问到之前是不是来过。前期组织的调研为笔者以调研员身份单独进行参与观察打下了良好的基础。

2016 年 8 月至 11 月，笔者在项目组的协调下进入定州市环保局，以实习生的身份进行了为期三个月的参与式观察。环保局是笔者在定州市驻扎的第一个田野点，其间笔者居住在与环保局相邻的居民楼里，一方面方便查阅资料，另一方面与许多环保工作人员居住在同一小区，可以在上下班等日常生活中增强交流，逐步建立信任关系。实习初期，笔者在大气污染防治科协助科长起草文件，同时表明研究目的，向其解释保密原则和匿名化等具体操作；建立信任关系后，对各个科室负责人进行了访谈，经过被访者同意保存了录音资料，留下了被访者的联系方式并表明日后如果有不懂之处希望继续请教。这一阶段笔者的身份主要是学习者。由于个人缺少环保工作的背景知识，环保局官网公布的科室职能又属于概括性的描述而没有涉及具体工作，笔者主要是以学习的态度通过访谈，结合其工作总结等文字记录，向各个科室负责人学习以了解部门的主要职能和重点工作的开展情况。

2017 年 1 月，项目组在定州市 50 个村开展大规模问卷调查，笔者作为调查员前往槐村和楠村，在此见到了废旧塑料加工作坊，开始收集、整理相关文献及文件资料，并与村干部建立了联系，为进一步研究打下基础。2017 年 6 月开题之后，笔者通过实习期间与环保局工作人员建立的联系再次来到环保局，围绕“大气污染防治”主题到环保局进行了专项性和系统化的调研，了解到“散乱污”治理是其中的重点内容。

由于前期收集的资料主要体现的是市局层面的制度安排，缺少基层视角，2017 年 8 月笔者在项目组的帮助下，联系定州市政府找到“散乱污”问题最为突出的两个乡镇，开展了乡镇层面的访谈，并来到辖区的槐村、楠村及椆村调研。此后笔者数次前往上述村庄收集田野资料，内容主要包括村庄环境的变迁、各个阶段的治理方式、废旧塑料加工的具体工艺和流程等。但是这种当日往返的访谈研究收集到的资料很快就达到了饱和，笔者认为到此为止存在两个问题，一是当日往返并不能跟村民建立足够的信任关系，虽然有村干部的引介，但是大部分被访者都只描述有限的客观事实，比如具体的工艺、原废旧塑料市场的情况、治理前后环境和收入上的变化等，对治理者与被治理者之间互动的具体实践以及村民的主观认识和感受却少有提及；二是关于“为何这一行业对身体和健康带来极大危害，村民却坚持从事”这一问题的答案，全部都指向经济收入，但这似乎又不能完全解释这一现象。

由于上述原因，笔者决定将废旧塑料加工行业最为兴盛的椆村作为第二个驻扎点。2018 年 2 月，经椆村村委书记与当地村民联络，笔者寄宿在妇女主任家中，参与村民的日常生活，进行零距离观察，同时进一步对椆村村民进行访谈。

总体而言，笔者在项目组的帮助下主要分三个阶段进入田野。第一阶段是 2015 年 7 月至 2016 年 1 月，以调研员身份对不同村庄主要指标进行访谈，形成了对定州市整体情况的基本认识。第二阶段是 2016 年 8 月至 2017 年 1 月，通过在环保局实习，以学习者的身份了解了定州市的环境概况和治理实践。第三个阶段是 2017 年 6 月至 2018 年 2 月，笔者的调研目的更为聚焦，以研究者的身份针对废旧塑料行业“散乱污”治理进行了田野观察和调查研究。

三、调查点概况[①]

（一）定州市概况

定州市是河北省中部区域的中心城市，是河北省直管市，下辖 25 个乡镇（城区），518 个村（社区），总面积 1 274 平方公里，总人口 124 万。该市是“中山文化”的主要发祥传承地，具有深厚的历史文化积淀，也是交通运输枢纽，京广铁路、107 国道、京深高速纵贯南北，朔黄铁路横穿东西，并在此基础上初步形成了物流商贸中心。现今，定州市是新型工

① 定州市及椆、楠、槐三村在经济、人口、基本设施等方面的基本情况均来自 2017 年定州市农村社会概况调查，三村村民的从业情况由笔者调查获得。

业基地，初步建成汽车、能源、煤化工、乳品四大生产基地。

2010年，定州市环保局在楠村所在的乡镇对塑料回收加工产业进行调研[①]，发现该乡共有10个塑料回收加工专业村和10个自发形成的塑料回收分拣专业市场，废旧塑料回收辐射全国各地，经营塑料品种近百种，日均交易额近170万元，年交易额6亿多元。全乡共有新型塑料装饰材料厂3家，拖鞋厂11家，胶粉厂50家，颗粒厂35家，再生塑料布厂10家，防水材料厂2家，共100多个塑料加工企业，年产值达1亿多元，2008年纳税16.2万元。10个专业村80%以上的农户，全乡近50%的农户从事塑料回收加工行业，从业人员23 000多人，多年来塑料回收加工业已成为10个村的主导产业。根据定州市环保局2017年"散乱污"企业台账，该市"散乱污"企业共计517家，行业涉及塑料、采砂、建材、能源等，其中塑料相关企业168家。

从整体上看，定州市农村地区家庭收入大多在6万元以下，收入的主要来源是务工。具体收入水平及收入结构见表3-1和表3-2。

表3-1　2016年定州市农民家庭收入水平（N=1 146）

收入水平	比例(%)
无	1.3
1～12 000元	23.9
12 001～36 000元	37.6
36 001～60 000元	24.8
60 001～100 000元	9.6
100 001～200 000元	2.1
>200 000元	0.7

数据来源：2017年定州市农村社会概况调查。

表3-2　2016年定州市农民家庭收入结构（N=1 146）

总收入	36 034元
农业收入（N=1 106）	6 695元
打工工资收入（N=1 098）	22 639元
工商经营收入（N=1 014）	4 770元
财产性收入（N=1 024）	538元
其他收入（N=1 018）	1 392元

数据来源：2017年定州市农村社会概况调查。

① 资料来自环保局调研报告。

根据从事废旧塑料加工的村民介绍，家庭收入主要来源于工商经营收入，一般从业者的家庭年收入大约在 10 万元，有些规模较大的收入达到 20 万至 30 万元，甚至个别家庭能够达到上百万元，远高于定州市农村家庭收入的平均水平。

（二）稠村概况

稠村距离所在镇 4 公里，距离定州市区 15 公里，1960 年通电，2000 年通互联网，2008 年通自来水，目前村内道路全部硬化。基础设施方面，村内有小卖部、超市、集市、公交车站；没有百货商场、银行业信用社、公园、养老院、长途汽车站、火车站，以前村内有澡堂因为禁止烧煤关停了。村内有集体办的幼儿园和小学各 1 所，用地合计 10 亩①。除村卫生所外，村里还有 4 家私立诊所，每家一般有 2 名医护人员。脑梗在村内最为常见，村民患病比例约 5%。村庄环境方面，村民饮用 400 米深井水，没有统一的污水排放设施，村外有一个垃圾填埋场，占地约 10 亩。村内没有公厕，各户私厕都是旱厕。

村集体 2016 年实际收入 15 万元，收支平衡。两委办公场所面积有 5 亩地②，36 间办公室。村委会 3 人，党支部 7 人，交叉任职的有 2 人，共计 12 人，都在 31～60 岁之间，教育程度为初中。在两委性别构成上，女性 1 人，男性 11 人。全村 93 名党员中，女性 10 人。

村耕地面积为 4 000 亩，其中经济作物种植耕地约 200 亩，主要种植苗木；其余皆为粮食种植耕地，主要种植小麦和玉米。村内约 825 户共计 4 200 人，陈、王两个大姓约占 2/3。村内有劳动力（15～64 岁）约 2 000 人，私营企业约 200 个。村里几乎家家户户都种地，但是没有只种地的，都有兼业，兼业主要是废旧塑料回收相关的行业。村民 2016 年人均纯收入 10 000 元，低保户 15 户。

关于废旧塑料的从业情况，村两委掌握的数据是 80%的农户都从事废旧塑料相关产业，其余 20%的村民生计情况比较分散，包括 7 家超市、5 家菜店、4 家诊所、收集废铁、外出务工、种植养殖以及没有劳动能力依靠子女赡养的农户。为了更加准确地了解该村农户从事塑料加工的整体情况，笔者根据花名册③对该村 825 户居民随机抽取 10%形成样本，除去 4 户（4 户均为个人单户，其中 3 人死亡、1 人村委主要干部都不清楚其相关情况），有效样本为 79 户。统计数据显示，再生资源基地建立以前，该村从事废旧塑料加工的农户占 75.90%；基地建立以后从业农户占 66.27%；因治理而转行的

① 1 亩≈666.67 平方米。

② 包括院子在内。

③ 花名册按照住址门牌以个人为单位依次排列，该册是村委日常工作使用的纸质文件，装订顺序不尽按照由小到大的顺序，笔者在抽样时进行了重新编码。

村民占 8.43%，转行后主要从事农业生产、制鞋、施工、装潢、药店；因基地建立而转入此行业的占 2.41%。

（三）槐村概况

槐村距离所在镇 8 公里，距离定州市区 10 公里，村内道路全部硬化。1958 年通电，2002 年通互联网，2007 年通自来水。村内有小卖部、超市、集市、公交车站、长途汽车站；没有百货商场、银行业信用社、公园、养老院、火车站、澡堂。村内有集体办的幼儿园和小学各 1 所。村里有 2 家公立医疗卫生机构，2 家私立诊所，每家平均有 3 名医护人员。脑梗在村内最为常见，村民约 5%半身不遂。村庄环境方面，村民饮用经过专业处理的地下水，有统一的下水道，村外有一个垃圾填埋场，占地约 3 万立方米。村内没有公厕，各户私厕都是旱厕。

村集体 2016 年实际收入 10 万元，支出 69.5 万元，超出部分为往年积累。村两委办公场所面积约 320 平方米，11 间办公室。村委会 7 人，村党支部 3 人，无交叉任职，10 人中女性 2 名。8 人年龄在 31～60 岁之间，2 人在 61 岁以上。5 名学历为初中，5 名为高中（中专）。

村耕地面积 3 364 亩，抛荒耕地面积 40 亩，粮食种植耕地 2 500 亩，主要为小麦、玉米；经济作物种植耕地 300 亩。村内村民 1 056 户共计 4 012 人，劳动力（15～64 岁）约 2 407 人，外出务工 482 人，村内两个大姓占总人数的 40%。从事农业生产的劳动力约 70%，村民 2016 年人均收入 3 000 元，低保户 60 户。4 个私营企业，主要是饲料厂、大棚蔬菜、种树、废旧塑料加工。党员 82 人中，女性 15 名。

该村从事废旧塑料的农户总数较椆村有一定差距，村两委掌握的数据是 80 户左右，约占总户数的 7.58%，基地建立以后购买厂区的有 6 户，在园区内打零工的约 200 户。为了更加准确地了解该村农户从事塑料加工的整体情况，笔者根据花名册[①]对该村 1 056 户居民随机抽取 10%形成样本，有效样本为 106 户。统计数据显示，再生资源基地建立以前，该村从事废旧塑料加工的农户占 10.38%；基地建立以后从业农户占 10.38%；因治理而转行的村民占 4.72%，转行后主要是外出务工、在本地打零工和个体经营；因基地建立而转入此行业的占 3.77%。

（四）楠村概况

楠村距离所在镇 6.5 公里，距离定州市区 18 公里，1970 年通电，2001 年通互联网，

① 花名册将村民分为 20 队，每队按户将村民依次排列，并标明户主。

2009年通自来水，目前村内道路全部硬化。基础设施方面，村内有小卖部、超市、集市、养老院；没有百货商场、银行业信用社、公园、澡堂、公交车站、长途汽车站、火车站。村内没有小学，有集体办的幼儿园1所。村里有1个卫生所，所内有5名医护人员。心脏病在村内最为常见，村民患病比例约30%。村庄环境方面，村民饮用经过净化处理的自来水，没有统一的污水排放设施，村内有1个垃圾填埋场，占地约1万立方米。村内没有公厕，各户私厕都是旱厕。

村集体2016年实际收入39万元，支出39.1万元，收支基本平衡。两委办公场所面积有800平方米，2间办公室。村委会3人，党支部5人，无交叉任职，共计8人，5人在31～60岁之间，3人在61岁以上。3人教育程度为小学及以下，4人教育程度为高中（高职），1人教育程度为大专。在两委性别构成上，女性1人，男性11人。全村73名党员中，女性12人。

村耕地面积为1 969亩，其中经济作物种植耕地1 000亩，主要种植苗木；粮食种植耕地969亩，主要种植小麦和玉米。村内约460户共计1 467人，陈姓为村内大姓，约占2/3。村内有劳动力（15～64岁）约800人，外出务工300人，私营企业3家，分别是废旧塑料加工、加油站和养马。村里家家户户都种地，2016年人均纯收入10 000元，低保户约22户。

关于废旧塑料的从业情况，村两委掌握的数据是60户左右，约占总户数的20.00%，因治理改行从事个体经营（包括服装、运输、超市）的有6户，外出务工的30户，待业的3户。基地建立以后购买厂区的有8户，在园区内打零工直接从事塑料分拣、破碎的约10户，装潢的6户。为了更加准确地了解该村农户从事塑料加工的整体情况，笔者根据花名册①对该村314户居民随机抽取10%形成样本，有效样本为31户。统计数据显示，再生资源基地建立以前，该村从事废旧塑料加工的农户占45.16%；基地建立以后从业农户占22.58%；因治理而转行的村民占22.58%，转行的村民包括外出务工、在本地给建筑工地打零工、运输和个体经营；尚无村民因基地建立而转入此行业。

① 花名册是村委日常工作使用的纸质文件，去除了举家外迁和死亡等特殊情况的农户，共314户。这一数据与课题组在2015年开展问卷调查时收集的数据不同，经与村委干部核实，总户数出现差异的原因是花名册建册时间早，建册之后因分家分户而增加的户在花名册中仍归原先的户中，总体人数相同。

第二节
资料收集与分析

一、焦点与抽样

质性研究是将庞杂的田野观察不断聚焦的过程。本研究的聚焦过程包括研究问题的聚焦、访谈对象的聚焦和访谈内容的聚焦,访谈内容在很大程度上取决于前两者。需要承认的是,聚焦的过程并不是一个顺畅的从宽泛到具体的线性过程,有时在缩小范围时会在不同的选择之中尝试,这时收集到的田野资料对于最终的研究问题可能没有直接的助益,而笔者在这个过程中所花费的时间和精力并不比在围绕研究问题而进行资料收集时所花的精力少。这导致研究伊始的进展非常缓慢,并且一些研究资料并不能在本研究中体现。但值得欣慰的是,在这一过程中形成了这一领域的相关背景知识,使得问题聚焦后的调查开展得十分顺利,而且对于定性研究来说,在田野中的浸泡有助于提升研究者对问题的感知力和对访谈资料准确性的把握。

(一)研究案例的聚焦

正如前文所述,笔者于 2015 年 7 月首次来到河北省定州市参加项目接洽会,对该市主要产业和环境治理情况有了初步的了解。此次接洽会中,笔者了解到由于 2013 年国务院发布的《大气污染防治行动计划》对大气污染治理提出了明确要求,同时该年定州市从保定市划归省直管,环境治理的标准也相应从县级标准上升到市级标准[①],大气污染防治成为该市一项重点工作。此次接洽会使得笔者的关注主题从环境问题聚焦到空气方面的环境问题,此后在历次调研中都更加关注大气污染。

---

① 国家在环境治理中并未明确提出县级标准和市级标准,但是在具体治理过程中,不同行政级别的区域受到上级管理特别是督查的力度是不同的。具体而言,当定州市作为一个县级市时,与保定市其他区县被抽作督查地点的概率是一样的,但变成省直管后,定州市因为处于京津冀污染传输带,同时随着督查力度的加强,定州市在现有的人员配置下要承担与保定市一样的督查压力和环保标准。

2015 年 10 月项目组首次前往定州市开展调研，为了从整体上把握定州市农村的发展概况，选取了 5 个在农业发展、社会治理、文化历史等方面具有典型性的村及所属乡镇。课题组老师及 20 名研究员分为五组，笔者所在小组前往其中一个村庄及其所属乡镇进行调研。在该村，笔者对村委书记和会计就村庄人口结构、自然资源、主要农作物、土地分配和流转情况、基础设施、教育资源、医疗卫生、消费结构、家庭消费及财富、村庄基层组织、社会文化生活等问题进行了访谈；在乡镇，笔者一行对乡镇政府各部门职能、辖区各村的基本情况和特色、乡镇经济、社会纠纷、风俗习惯、垃圾处理等问题进行了访谈。此次调研是笔者第一次到定州市农村进行实地观察。该村是全国十佳小康村，村内干净整洁，主干道已全部硬化，主要道路两侧栽种的梧桐、雪松玉、兰花、樱花等形成一街一景(图3-3)。此次调研，一方面因该地环境之优美超出了笔者对农村环境的预期，让笔者产生了了解其他村庄环境状况的动力；另一方面在乡镇的调研中，一位干部在介绍垃圾处理厂时提到，与该镇一水相隔的乡镇与此地情况十分不同，并且建立了再生资源基地，这一乡镇正是本书案例中“塑料村”的所在地。

图 3-3　村庄景观

2016 年 1 月，为了进一步加深对定州市农村的感性认识，项目组再次组织 17 名研究生到该市通过访谈的方式，对 4 个乡镇及所辖村庄进行调研。笔者一行来到其中 1 个乡镇及辖区的 2 个特色村调研。该镇 2014 年被评为全国改革重点镇，得到当地政府的许多支持，例如水利局和农业局开展的基础设施及新技术相关项目等。尽管如此，村民外出务工现象仍然比较多。辖区内的梧村被当作该镇的特色村，在新农居建设的政策支持下拆除旧村建立了新的单元楼住宅。此次调研一方面加深了笔者对定州市农村的认识，对不同类型村庄的实地调研为后续研究建立了参照系，在此过程中也获得了零散的与大气污染相关的信息，例如市区里用以降尘的洒水车、村庄里挂着秸秆禁烧宣传语的车辆等(图 3-4)；另一方面，课题组负责其他村落的调研员发现定州市在推行散煤禁烧，正值北方的冬季，农村地区普遍没有集中供暖设施，于是笔者在导师指导下就这一问题开展了研究，在研究过程中与定州市环保局建立了初步联系，首次从政府角度了解大气污染防治的基本信息。本次研究发现在散煤燃烧治理过程中，不同主体具有不同的行为逻辑，专家遵循科学逻辑，政府遵循行政逻辑，企业遵循市场逻辑，居民遵循生活逻辑（洪大用 等，2017）。此次研究给笔者的启示是要想对个案进行深入分析，需要对多方主体进行综合考察，同时也为笔者到环保局进行参与式观察、从政府角度了解环境治理的过程和逻辑奠定了基础。

图 3-4　定州市大气污染防治宣传车

2016 年 8 月，项目组选送 4 名博士研究生分别在定州市环保局、农业局、两个乡镇政府实习，对基层环境治理、农业现代化转型、小微企业绿色转型、精准扶贫等问题进行深入调研。笔者在定州市环保局进行了为期三个月的实习，并对环保局的大气污染防治工作进行了参与式观察。实习初期笔者一边学习中共中央国务院和省厅发布的相关文件，一边对环保局的治理实践进行初步观察。由于大气污染防治是一项系统工作，需要发改、农业、商务、环保、质监、工商、公安、国土、住建等多个部门各自承担相应的工作，而笔者调研时，正处于这项工作的起步阶段，环保局作为牵头部门主要负责宏观规划和协调，具体到笔者所在部门主要工作是文件起草，在文件中明确各方职责。但这一过程通常是分管副局长叫部门负责人到其办公室，或者通过电话确定下来的，也就是说具体的过程并不具备可观察性。在此情况下，笔者放弃了原来的焦点，从所在科室正在开展的工作入手，主要涉及两项：一是通过电话跟进燃煤锅炉台账上不符合《锅炉大气污染物排放标准》单位的整改或拆除进度；二是为各级督查准备大气污染防治相关的材料。这两项工作一直是笔者实习期内的工作重点。前者涉及笔者并不具备的技术知识，并且主要是通过电话开展，难以接触到被治理者，因此没有将其作为研究案例；后者在档案管理制度并不完善的情况下，对于收集文件资料很有益处。由于预期的观察焦点和现有工作都难以收集到深入资料，笔者只能寻找其他机会尝试接触科室以外的其他工作。经过一段时间后，笔者与环保局的许多同事都熟络起来，并且建立了信任关系，于是开始对环保局各个科室的主要负责人进行访谈，此时的焦点从大气污染防治的具体实践转向了环境治理的制度化过程。然而制度化是一个较大的范畴，还是需要通过具体的事件来阐述，笔者一直在寻找抓手。总而言之，这一阶段的实地观察主要的收获是利用实习机会查阅文献、档案并开展访谈，对定州市的环保机构组织变迁、环境现状和治理实践有了深入了解，并第一次来到以整治废旧塑料加工行业"散乱污"企业为目标的"再生资源产业基地"参访，形成了调研报告。

2017 年 1 月，项目组组织到定州市 50 个村进行大规模问卷调查，笔者来到槐村——定州市从事废旧塑料加工的村庄之一，在这里见到了废旧塑料加工的小作坊，并且在问卷调查中遇到一位从事废旧塑料加工的调查对象。此次调研，笔者做了如下记录：

村里环境一般，垃圾随处可见，还有堆放着的废旧塑料。早就听说这个镇有十万人都在加工废旧塑料，这次终于有机会看一眼现场。路过一家，在门前的路上铺了一路，踩上去像黑色的雪花一样，我问副书记这个是不要的垃圾还是有用的，他说这个铺着是为了晾干。

访到一户大姐，她给旁边的小作坊打零工。说村里的空气不仅是雾霾，还是毒气，是化学有害物。她提到环保局的人曾问过为什么有毒还要做，她说首先要能生活，才能谈别的，就算是知道"现在用命赚钱，老了用钱养命"也得干，先挣钱活着，老了病了活不下去，死了就死了。想起第一次研究环境问题的感受：一切环境问题归根结底是经济问题。

大姐说来检查了，大队在村里喇叭上通知，大家都不干了，一走接着干。白天不干晚上干。说到再生资源基地，过去的也很少，她在那工作的同乡说环保设施根本不开，来了人检查才开一会儿。归根结底，再生资源产业基地的实际运行状况与预期目标还有较大差距，真正起到的作用还是有限的。

CZ（同组的调查员）访问了一户小企业主，他们非常警惕，怕是环保的人。认为拿到排污许可证的意思是环保企业，但并不信服。认为他们挣钱给村里带来了很多污染，很多妇女怀孕出现流产畸形的情况，但是没有条件搬出去，只能忍受。

（资料来源：2017 年 1 月 12 日调研日记）

笔者和同组的调研员交流时发现，大家都在该村观察到了此处从事过废旧塑料加工的痕迹，但是仅有这一位被访者坦诚地表达了自己的看法，而带我们入户的干部虽然没有在场旁听，但也在此过程中一再催促。笔者发现这一问题比较敏感，如果就此开展研究难以获得真实和深入的材料，因此没有立即决定将其作为研究案例，而是将其作为一个关注的小点。

2017 年 6 月开题之后，笔者围绕“大气污染防治”开展调研。这次调研，笔者了解到定州市处于京津冀污染传输带，因此以更大力度开展了大气污染防治工作。随着重点企业智能监控、网格化管理、重污染天气应急预警等制度的建立，极具顽固性的“散乱污”企业成为治理重点，在定州市废旧塑料加工作坊就是最突出和典型的代表，因此笔者决定将其作为研究案例。虽然这一案例在资料收集过程中会遇到多重困境，但是这个问题本身对当地的环境治理具有重要意义，并且对其他行业和地区的“散乱污”治理都具有推论的可能和借鉴的意义。

（二）访谈对象及抽样

本研究的被访者可以按照角色差异分为以下七类：环保局领导及相关科室负责人、“塑料村”所在乡镇干部及对应环保所负责人、“塑料村”两委干部、“塑料村”村民、园区及对应环保所负责人、入园生产的企业主、定州市“塑料村”以外的其他居民。

第一类被访者中的副局长是笔者在环保局的联系人，由定州市政府指派；负责人涵盖了所有科室，是对整体的调查访问，不存在抽样问题。第五类（园区及对应环保所负责人）与此同理。第二类（“塑料村”所在乡镇干部及对应环保所负责人）和第三类（“塑料村”两委干部）被访者取决于乡镇和村庄的选择，本研究选择两个乡镇和辖区内的三个村庄主要出于以下三个考虑：一是“散乱污”问题突出，本研究涉及的村庄都是整个村都从事废旧塑料加工，这一标准符合“受害者也是施害者”的要求；二是治理具有明显的成效，本研究的核心问题是“环境治理何以有效”，这有一个基本的假设是该地“散乱污”治理取得了一定成效，但需要指出的是，从整体上看“散乱污”企业所在的村庄具有非均质性，治理有效的程度是不同的，本研究选取治理效果明显的村庄，便于对治理行为的前后不同阶段进行比较；三是村内氛围平和，对于“散乱污”治理这一敏感话题，和平的氛围能够最大限度地为笔者提供访问的空间，同时也能保证研究过程中的安全性，既不会给研究者本人带来风险，也不会使研究行为给地方治理带来风险。

第四类被访者（“塑料村”村民）是本研究的重点访谈对象，抽样方法是理论抽样。劳伦斯・纽曼指出，实地研究的抽样不同于调查研究，是从所有可能的观察之中取出一组数量很少、有选择性的观察值，也就是理论抽样，因为它受到研究者正在发展的理论指导，针对时间、状况、事件类型、地点人物类型或感兴趣的情境进行抽样（劳伦斯・纽曼，郝大海译，2007：495）。由于“生计”是本研究的核心概念，笔者在抽样时考虑到了这一变量的三个不同取值：一是从未将从事废旧塑料加工作为生计方式的村民，二是当前正在从事废旧塑料加工且将之作为生计来源的村民，三是以前将从事废旧塑料加工作为生计来源的村民。其中，第二类可以进一步划分为搬入园区生产的居民，以及由于证件齐全未划入“散乱污”企业，因而不必进入园区的企业。最后一类又可以进一步划分为转行从事其他生产活动而未被雇佣的村民、被雇佣的村民和待业在家的村民。

除此之外，研究过程中使用了另外三种非概率的抽样方法：偶遇抽样、滚雪球抽样和异常个案抽样。采用偶遇抽样的方法是因为笔者的访谈对象主要由联络人引介，而引介的对象必定是与其关系较好的村民，古语云“人以群分”，通过这种方式接触的被访者同质性较强，因此笔者利用寄居在村民家的机会，在闲暇时到村内公共场所尝试通过偶遇抽样的方法拓展被访者的类型，同时可以对之前获得的资料进行比对核实。滚雪球抽样主要用于被访者讲述的信息比较重要但又表述不清的情形，这种情况下，笔者会问村里还有没有其他人具有相似经历，由被访者推荐新的访谈对象。

第六类被访者（入园生产的企业主）是本研究的另一项重点。废旧塑料加工不仅是一种生计方式，而且经过几十年的发展形成了一个完整的产业链条，因此笔者在选择访谈对象时主要考虑了生产环节和产品种类两个变量。生产环节包括废料回收、物料运输、初级加工和成品制造四类，生产种类包括橡胶、PVC 管、花泥、汽车配件、儿童玩具。当然产品种类不限于此，但是在访谈几类企业主后信息已达到饱和，因此未做进一步拓展。

第七类被访者即定州市“塑料村”以外的居民，这类访谈对象虽然不是本研究的重点，但却是不可或缺的一部分，因为本研究的个案是定州市这一层面的“散乱污”治理，在这个综合系统之中，旁观者和治理者与被治理者具有同等地位。

二、资料收集

首先，本研究将定州市废旧塑料村作为研究田野，作为参照标准，需要收集定州市村民收入水平和来源等一般性资料，这一资料通过问卷法调查获得。其次，本研究需要了解治理的实践过程，就需要收集治理措施的相关政策文件，这一资料通过文献收集法获得。最后，废旧塑料加工行业“散乱污”治理是治理者与被治理者互动的动态过程，而已有资料呈现的往往是静态的结果，因此本研究采用参与观察法、深度访谈法、客观陈述法收集动态资料。

本研究在各个阶段的研究方法、资料收集方法、调查地点和调查主题概况如表 3-3 所示。

表 3-3 调查各阶段的主题与方法

资料收集阶段	研究方法	资料收集方法	调查地点	调查主题
初入田野 (2015-07:3 天)	实地研究	座谈会	定州市政府	定州市主要产业及社会治理概况 定州市政府各个部门在环境治理方面的职能、当前工作重点及问题
感性认识 (2015-10、2016-01:10 天)	实地研究	客观陈述法	定州市 A 镇、B 镇	定州市两个乡镇及下辖村的社会全貌,包括生产生活、风俗文化、宗教信仰、教育医疗、社会治理等内容
背景调查 (2016-08 至 2016-12:78 天)	实地研究 文献研究	深度访问 客观陈述法 参与观察法 文献法	定州市 环保局	定州市环保部门的组织结构、主要职能、重点工作、开展机制、主要成果、存在问题。大气污染防治领域各项治理的政策文件、治理实践
重点调查 (2017-06 至 2018-02:28 天)	实地研究 统计调查 文献研究	问卷法 深度访问法 客观陈述法 参与观察法 非参与观察 文献法	环保局、 乡镇、村、 再生资源基地	定州市废旧塑料加工行业的发展历史 定州市"散乱污"治理的历史脉络与当前治理的困境 治理者和被治理者的认知 再生资源基地中企业的生产情况、污染处理效果

具体如下:

问卷调查。统计使用定州市农村社会概况调查问卷数据,主要涉及调研地点的村民收入水平和来源等参照性信息。调查采用多段抽样的方法,从全市 25 个乡镇(街)中随机抽取 19 个,从乡镇(街)中随机抽取 50 个村(社区),再从中抽取农户,最终回收有效样本 1 239 份。

深度访谈及客观陈述法。具体而言,访谈主体包括环保局工作人员、相关部门工作人员、乡镇及村委工作人员、企业、村民。第一,对环保局进行访谈,主要围绕环保局的机构设置、科室职能、核心工作、对环境治理变迁的总体认识、工作开展中遇到的矛盾和冲突、对环境治理改进的建议等。第二,对其他部门进行访谈,主要围绕与环境治理相关的工作内容、对环境治理的认识和建议。第三,对乡镇及村委工作人员进行访谈,主要了解治理的实践情况、对环境治理的认识、环境政策施行的阻碍等。第四,对企业进行访谈,侧重从业者与环境治理者的互动过程。第五,对村民进行访谈,侧重了解村民经历的环境治理事件过程,对环境治理的态度与应对方法。

自 2015 年 7 月至今,笔者已完成对 17 名来自环保局办公室、大气办、监察大队、监测站、环评科、信息中心、法规科、信访科、辐射科、应急办、生态办、水污染防治科以及下辖环保所的主要负责人，5 名产业园区负责人，11 名废旧塑料加工企业负责人，8 名行业主要聚集地的乡镇及村两委工作人员，16 名村民进行了访谈。

座谈会。2016 年 1 月，笔者参加了定州市政府召开的环境保护座谈会，公安局、发改局、住建局、国土局、商务局、交通局等部门介绍了各部门与环境相关的工作。座谈会主要用于从基层执行者视角了解环保相关部门对环境治理的态度和认知，为研究相关部门对环境治理的作用机制提供了基础性研究框架。

参与观察。笔者于 2015 年 8 月至 10 月在定州市环保局实习，主要观察点在环保局大气办，同时参加局里的各项会议和活动，与大气办及其他科室的工作人员一同工作、生活、交流。对主要的环境治理制度的实行过程有较为充分的了解，具体包括应急预警机制、"三同时"制度、环境影响评价制度、排污费征收制度、环境保护目标责任制、城市环境综合整治定量考核制度、排污申报与许可证制度、污染限期治理制度、污染排放总量控制制度等。2018 年 2 月，笔者寄宿在裍村妇女主任家中，对村内曾经和现在的从业者进行了访谈。

文献收集。定州市环保局档案管理的科学化水平并不高，经常遇到的情况是所在科室的科长找同事一同查找某个文件，有时遇到中央督查或省厅督查需要文件汇编时，更是焦头烂额。本研究整理了 2005 年至今的所有电子文档，并查阅了档案室相关存档文件，与此同时，许多文献和资料无法通过统一查找获取，而是需要在日常实习中收集和保存。此外还有一些无法通过网络等手段获取的会议记录、某项方案从初稿到与辖区政府协商后的定稿等。本研究收集的主要文献包括政府文件、会议纪要、地方志、统计年鉴，以及地方政府微信、官网公布的讯息。

通过以上方法，笔者完成了研究资料（包括录音资料、图像资料和文字资料）的收集工作。在征得被访者同意的情况下，笔者对访谈过程进行了录音，录音资料可以帮助笔者记录完整的信息、回忆访谈的场景，同时也有助于田野笔记的撰写。

图像资料大体可以分为五类：一是关于当地的自然环境状况，例如雾霾天气、村庄环境状况、村内废旧塑料堆放处等；二是生产场景，例如再生资源基地内企业的生产过程；三是生活场景，例如村民在家里制鞋、具有分析意义的扫帚等生活用品；四是调研轨迹，笔者利用地图软件记录被访者位置和调研的地理信息；五是不便于转录或复印的文字，例如在实习期间接触到的纸质文件。

文字资料是本研究收集到的主要资料，包括一手资料和二手资料。二手资料包括已有研究（以定州市为田野点的学术成果）、地方历史资料（主要来自项目组组建的资料库，包括市志、地方年鉴、统计年鉴等）、环保局档案（包括环保局年度工作汇报、专项工作总结、会议资料等）、网络资料（包括环保局官网、科室微信群、乡镇公众号等）、村庄的花名册等。一手资料主要是田野笔记，按照劳伦斯·纽曼的分类，本研究的田野笔记包括以下几类：一是速记笔记，具体是指笔者在访谈时记录在访谈提纲空白处的关键词、短语、短句、符号和示意图，以及在不便记录的情景中笔者中途离开在手机中的简要记录；二是直接观察笔记，具体是指笔者在研究空隙或离开田野后立刻写下的笔记，这些笔记按照日期、时间、地点、人物、事件的先后顺序整理；三是推论笔记和个人笔记，具体包括笔者对事件和话语的揣测和推论，以及在田野中个人的感觉与情绪。

三、资料分析

本研究在资料分析过程中，主要采用手工编码技术对定性资料进行分析，具体包括三种方法，分别是开放编码、轴心编码和选择式编码。下面以五名重点访谈对象为例，呈现本研究的编码过程。

第一步，笔者采用开放编码的方式对访谈记录进行初始标注和分类。斯特劳斯和科宾认为，为了解释、发展和命名概念，必须开放文档，将其中包含的思想、见解展示出来。没有这个基础性的第一步，后面的分析和交流就不可能实现。在开放编码中，资料被分解成不连续的各个部分，并进行严密的分析、比较异同。在本质上或在意义上有关联的事件、事物和行为都会归在相同的但更抽象的类目下（转引自艾尔·巴比，邱泽奇译，2018：382-383）。在对从事废旧塑料加工的村民进行访谈时，笔者主要关心三个问题：一是村民的环境认知与行为，二是从事废旧塑料加工前后的具体实践，三是地方性规范。访谈提纲将三个主题细分为不同维度并形成操作化指标，最终形成体量庞大的访谈记录。为了对庞杂的信息进行提炼和概括，笔者首先从每份记录中提取关键词和短语。

第二步是将开放编码进一步提炼为轴心式编码，旨在形成一般性的概念。以对村民 CX 的访谈为例，笔者对访谈记录的开放编码有：没有垃圾、空气好了、村容村貌、道平整、绿色、别墅、关门窗、少出门、少活动、戴口罩、国家补贴、村集体、大企业、生活、环境好了、沙河、芦苇、白领、打工、做主、休三五天、他爸爸收、我找地方卖。笔者将“访谈对象、大企业”编码为“治理对象”，将“没有垃圾、村容村貌、绿色、别墅”编码为“环境”，将“空气好了、环境好了、道平整”编码为“评价”，将“关门窗、少出门、少活动、戴口罩”编码为“防范”，将“国家补贴、村集体”编码为“治理主体”，将“生活”编码为“生存”，将“沙河、芦苇”编码为“河”，将“白领、打工、休三五天”编码为“收入来源（劳动形式）”，将“做主”编码为“自主性”，将“他爸爸收、我找地方卖”编码为“分工”。

在此需要说明的两点是，首先，轴心编码之间是有交集的；其次，基于开放编码进行的轴心编码是根据具体语境而定的，有些词汇根据本意可能属于其他编码，例如“沙河”按照字面意思应当属于“环境”，但是由于这一要素关系到生产方式，具有比其他环境要素更重要的意义，因此单独作为一项编码。

第三步是进行选择式编码，即对开放编码和轴心编码进一步分析，旨在形成核心概念。按照上述编码方式，从五份访谈资料中选取的轴心编码包括“环境、评价、防范、治理主体、治理对象、生存、河、收入来源（劳动形式）、自主性、分工；环境、评价、劳动方式、收入水平、婚嫁、生产缘起、子女学习、治理主体、应对方式；收入来源、治理主体、入园成本、评价、收入水平、应对方式、信息来源、婚嫁、关系；劳动方式、入园效益、收入水平、关系、生活逻辑、婚嫁；生产缘起、治理方式、收入水平、消费方式、信息来源、应对方式、劳动方式、环境、评价、生活照料、生活逻辑、日常联系”。对此进行选择式编码的结果是“环境、政策评价、治理主体、治理对象、治理成本、生计、劳动想象、治理实践、应对实践、教育、婚嫁、社会交往、环境公平”。

三种类型编码的对应关系如表 3-4 所示。

表 3-4　编码表

访谈对象	工作	开放编码	轴心编码	选择式编码
CX	运输废料	没有垃圾、空气好了、村容村貌、道平整、绿色、别墅、关门窗、少出门、少活动、戴口罩、国家补贴、村集体、大企业、生活、环境好了、沙河、芦苇、白领、打工、做主、休三五天、他爸爸收、我找地方卖	环境、评价、防范、治理主体、治理对象、生存、河、收入来源（劳动形式）、自主性、分工	环境 政策评价 治理主体 治理对象 治理成本 生计 劳动想象 治理实践 应对实践 教育 婚嫁 社会交往 环境公平
JQG	回收废料	街道、栽树、河坝、可好了、没水、花生换鞋底、伙着、单干、脏乱差、咳嗽、市场、十来万、结婚早、愿意嫁做买卖的、打工、骂街、朋友介绍、收塑料、加工、不上学、大学生、几百万、污染、村里治不了、偷偷干、不听、逮你、三四十万、一百万	环境、评价、劳动方式、收入水平、婚嫁、生产缘起、子女学习、治理主体、应对方式	
CZP	回收加工中介	挣钱、大队、市场、工商所、税务所、以罚代管、责任制、省环保、乡环保、再生资源产业基地、几百万、预警、环保设备、用电、达不到国家标准、越有的越有、转行、偷着干、胆大、竞争、市场规律、经济活跃、年轻孩子点手机、上门、结婚、关系网、能办事儿、组织能力、小作坊、不算企业、法制不健全、生物链	收入来源、治理主体、入园成本、评价、收入水平、应对方式、信息来源、婚嫁、关系	

（续表）

访谈对象	工作	开放编码	轴心编码	选择式编码
JKJ	回收加工	院里、租大队、厂子挂钩、地皮、分家、园区、三四十万、老客户、老行、比以前还好、打工、做生意、租金、环保、原料、破碎、每天300元、办事、诚信、协调、互相沟通、关系好、给家里办事、吃饭、实惠、过日子、歇着、勤快、落户、上门女婿、彩礼、拿本儿、考验	劳动方式、入园效益、收入水平、关系、生活逻辑、婚嫁	环境 政策评价 治理主体 治理对象 治理成本 生计 劳动想象 治理实践 应对实践 教育 婚嫁 社会交往 环境公平
LDS	回收加工	父母做的、不叫干、污染、搭伙不行、做主、掐电、吊机子、经济、十来万、什么都得买、倒赔、卖动-卖不动、养驴、网上查、好说好商量、土匪窝、日本鬼子、说好话、找熟人、书记带头、(污染)没减少、垄断、养殖、打工、开工厂、自由、方便家里、环境不错、形象建设、芦苇苞子、愿意环境不好、有老有小、脏活累活、上学不强、做个家里的活、家庭为主、赶紧出村、向着自己家、生意往来、介绍买卖	生产缘起、治理方式、收入水平、消费方式、信息来源、应对方式、劳动方式、环境、评价、生活照料、生活逻辑、日常联系	

第三节
研究问题:环境治理何以有效?

一、选题依据

矛盾。随着生态环境问题日益凸显,国家不断加强环境治理力度,地方政府和基层环保机构不断探索环境治理的有效机制。党的十八大以来,各地纷纷提出治理策略,例如“齐抓共管”的分工协作机制、网格化管理的智慧环境保护平台,甚至启用应对抗洪抢险等自然灾害时采用的“调度令”。与环境治理开展的积极态势形成鲜明对比的是环境污染的严峻形势,以 2015 年底京津冀及周边地区多次出现大范围连续雾霾天气为代表,这次重污染天气影响范围大、持续时间长、污染程度重,引起全国人民乃至国际社会的高度关注。在环保高压和舆论压力下,大多地方政府已经一改以往忽视或回避的态度,积极开展治理,但诸如“散乱污”等顽疾仍然难以根治,在“最严格环境保护时期”显得十分突出。这反映出当前环境治理面临着一边积极治理,一边仍有部分失灵的矛盾。

困惑。就本书研究的案例而言,定州市最晚从 2005 年起就开始对这一行业进行治理,十多年间,市环保局、乡镇、村两委尝试了各种不同的方法,但是它犹如野草一般“春风吹又生”。直至 2017 年底,“塑料村”全部消失,原来从事废旧塑料回收加工的小作坊,有的搬入了园区,有的转了行,有的待业在家。这一整体性的转变不禁让我们心生疑惑:前期村民宁愿忍受废旧塑料加工带来的环境污染、健康危害,也要坚持从事这一行业,表现出“钱比命重要”的观念,后期为什么又不赚钱了?前期政府采取的运动式治理方式为何遭到村民的抵触而无法推行,后期建立工业园区后治理行为为何就得以有效实施?这个经验问题背后的理论问题便是:环境治理何以有效。

局限。对于环境治理何以有效的问题,许多学者从制度设计、技术支持、文化支撑等不同方面给出了颇有建树的回答。但在这些研究中,一个关键因素却未得到应有的关注,那就是村民生计。生计不仅仅是居民赖以谋生的途径,还深刻嵌入且形塑着个人生活的各个方面,因此忽视生计因素而开展治理,一方面会遭遇可以预期的抵触,另一方面“牵一发而动全身”，暂时和局部的改变会受到其他方面的影响而恢复原状，最终影响环境治理的效果。

路径。本书从案例中定州市废旧塑料行业“散乱污”治理的过程入手，分析环境治理从无效到有效的转变，阐释村民生计——作为导致这种变化的关键因素，如何成为影响环境治理的阻力，又如何成为有效治理的动力。

二、研究问题

基于上述原因，本书尝试回答四个事实层面和理论层面的问题。

第一，就本书案例而言，村民为什么宁愿污染环境、牺牲健康也要从事废旧塑料加工？回答这个问题，需要弄清对村民而言，废旧塑料加工意味着什么，他们是否意识到废旧塑料产生的污染对所处环境、个人健康，甚至是在乡土文化中极为重要的生育问题所带来的危害，对于这些环境风险，村民是如何适应和应对的。

第二，环境治理的实践是怎样的？具体而言，包括参与环境治理的主体有哪些，环境治理可以分为几个阶段，每个阶段的标志性事件、成果和问题是什么，治理过程中村民是如何应对的。

第三，生计因素是否对环境治理有影响？如果有，是如何影响的？在失败的环境治理实践中，生计作为阻碍因素是如何发挥作用的；在成功的环境治理实践中，环境是如何发挥推动作用的。

第四，如何提升村民参与环境治理的内生动力？环境治理作为外力通过何种机制转化为内力？解答这一问题，促使公众——作为复合型治理最为关注的主体——参与环境治理的路径是什么的问题便获得了答案。

就四个问题的相互关系而言，第三个问题是核心问题，第一个和第二个问题是为了回答第三个问题需要弄清的事实依据，第四个问题则是第三个问题的推论和现实意义所在。

三、研究框架

关于“环境治理何以有效”的问题，学者从技术、制度、文化、主体等视角给予了解释，日益受到关注和认可的“多元治理”“多中心治理”“复合型治理”等强调多个主体共同参与环境治理的研究，均属“主体论”一类。

具体而言，参与环境治理的主体包括政府、企业、个人、社会组织等，各个主体亦是非均质化的，可分别根据层级、规模、阶层等要素进一步细化，不同主体的行为逻辑和影响其参与环境治理的核心因素也不尽相同。本书在肯定主体论的基础上，聚焦经营“散乱污”企业的村民这一具体的主体，提出影响其参与环境治理的关键因素——生计。

本研究梳理了定州市针对塑料回收加工行业开展的环境治理的阶段，包括运动式治理、常态化治理、网格化管理、通过入园管理实现的复合型治理，前期治理皆未实现长效目标，而最后的复合型治理则比前几个阶段的效果更加显著。本书对前后两期的治理行为进行比较，提出环境治理得以有效的关键在于解决村民的生计问题。

生计为何能够成为关键因素？一方面，维持生计是村民的行为逻辑；另一方面，生计更代表着环境治理成本的分担，只有政府、市场、个人共同承担环境治理的成本，治理层面的环境公平才能够得以实现。

与此同时，在政策上关注生计问题并给出相应方案只是制度设计阶段，真正推动生计转型的具体实践表明，要想得到村民对制度的认可和配合生计转型的制度安排，需要依靠村庄原有的权威和关系网络，否则再好的制度设计也只能成为一纸空文。

综上，本研究的逻辑框架主要分为三步：第一，分析定州市环境治理前后效果差异的原因所在，提出“生计”这一核心概念；第二，分析“生计”发挥关键作用的原因及其背后的意涵；第三，分析村民认识、认同、参与生计转型的具体过程，归纳推动村民生计转型的现实力量。本研究框架图如图 3-5 所示。

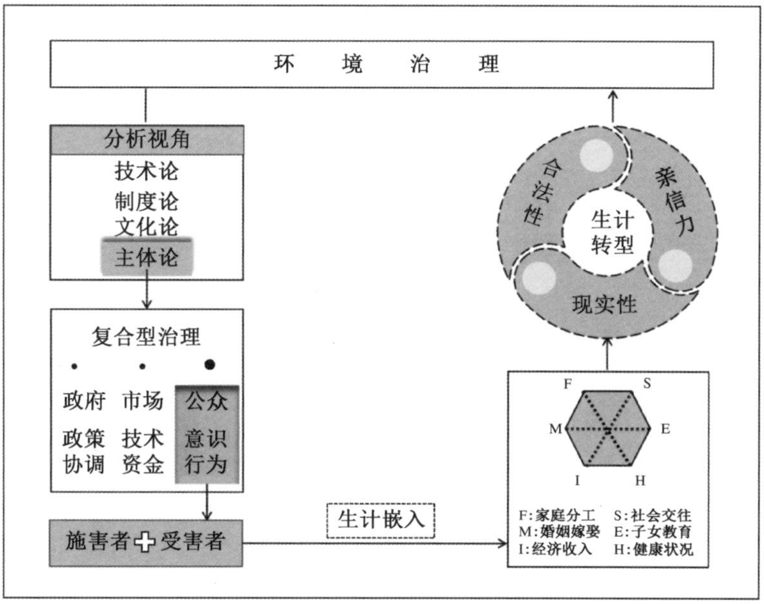

图 3-5　本研究框架图

第四章 “散乱污”治理及其公平意涵

定州市废旧塑料加工行业的“散乱污”治理大致经历了早期运动式治理、探索常态化治理、依靠领导能力的治理、网格化治理阶段，目前主要治理方式是推动企业入园生产，通过提供环保设施减少环境污染，同时减少政府在监督、服务中产生的治理成本。“散乱污”企业从业者是本书的研究对象，因此在梳理环境治理方式变迁的同时，着重从从业者的视角分析不同治理方式对其产生的影响。

第一节
治理方式变迁

按照主导治理的主体可以将定州市塑料加工行业的“散乱污”治理分为四个时期，不同主体开展治理时可以利用的资源不同，解决问题的角度和存在的局限性也不同，因此不同时期的治理呈现出不同特点。与此同时，不同的治理实践反映出学界对环境治理的不同主张，本书在文献回顾时将这一主题的研究分为技术论、制度论、文化论和主体论四类，在不同治理阶段，各类主张的意义也不相同。

20 世纪 90 年代从事废旧塑料加工的村民日益增多，规模越来越大，这导致村内交通不便、杂乱无序，产生的污染给浣洗、晾晒等日常生活带来了不便，于是村委会利用村外荒地建立市场，引导村民从院舍搬到市场集中生产。这一阶段的治理成果主要是改善了道路和村容村貌，但由于缺少技术论所倡导的对生产过程进行技术改造，而是仍旧沿用简单的设备和工艺，同时也未能从检测、评估等方面提升管理技术，因而这一治理方式没有从根本上解决污染问题。

2005 年起环保局开始加强在重大国事期间对“散乱污”企业的管控，这种治理方式的主要目的是服务大局，确保全国性大型活动的顺利开展，同时也使得从业者逐渐意识到，无论行业的经济效益给地方财政带来多大收益，污染行为都会受到一定程度的约束。这一治理方式的局限在于无法长期为继，当运动式的治理变得频繁时，治理者和被治理者将产生不可调和的矛盾。

随着国家对环境日益重视，各地开始审视治理方法的不足并探索长效的治理模式，这就是制度论的主张。在诸多制度中，有些需要中央政府决议，如央地关系、政企关系、官员考核等，有些则是地方政府可以自主探索和推行的，网格化管理就是该市政府探索的集中体现。

在诸多制度性尝试均未达到预期后，该市建立了园区进行统一管理。虽然禁止村民在村内生产和引导村民进入园区依然面临着巨大的压力，但是园区为村民继续从事废旧塑料加工提供了机会，消除了村民必须转向其他行业的心理恐慌，同时通过政府补贴和社会资本注入分担了个人需要承担的成本。如此一来，村民不再是被治理者，而成了环境保护者，开始监督园区的排污情况，参与到环境治理中来(表 4-1)。

表 4-1 塑料行业"散乱污"治理的阶段

治理时期	标志事件	治理主体	解决问题	不足之处
20 世纪 90 年代	建立市场	村委	村容村貌	技术支持
2005 年	筹备奥运会	环保局	临时应对	难以为继
2012 年	网格化管理	政府相关部门	制度化治理	公众参与
2015 年	入园管理	多元主体	协同治理	门槛和监管

塑料加工行业的"散乱污"治理是从村民自治到政府治理，最后转向复合型治理的过程，通观整个过程，环保局发挥着主导作用。下面将对环保局的治理过程做进一步阐述。定州市环保局于 1995 年成立，成立之初收入来源主要是企业缴纳的排污费，因此收取排污费是环保局的重点工作，除办公室、财务科等行政类科室外，所有业务职能都集中于污控股一个科室。2006 年，定州市环保局改为财政开支，财政收入得到保障后，环保局有更多精力开展环境治理，主要工作为项目"三同时"[①]审批、发放排污许可证、监管排污企业等。2013 年，定州市成为河北省首批省直管县(市)，环保局的组织结构与省环保厅进行统一，大气、水、土三项主要污染的治理进入专项化、系统化阶段。定州市提出升级版网格化管理机制，使得包括"散乱污"治理在内的环境污染治理工作进入制度化阶段。

一、早期运动式治理

围绕运动式治理开展的讨论具有丰富的研究成果。首先，从研究的起点概念出发，许多学者在使用这一概念时强调的重点不尽相同[②]，例如叶敏强调作为发起者的政府[③](叶敏，2013)，唐皇凤强调作为被动员对象的群众[④](唐皇凤，2007)等。冯仕政将运

① "三同时"是我国环境保护法中对建设项目的规定，具体是指同时设计、同时施工、同时投入生产和使用。

② 例如，周雪光在《运动型治理机制：中国国家治理的制度逻辑再思考》一文中将运动式治理与韦伯式科层制进行比较，指出常规机制与运动机制相互矛盾又相辅相成；狄金华在《通过运动进行治理：乡镇基层政权的治理策略——对中国中部地区麦乡"植树造林"中心工作的个案研究》一文中提出，压力型体制下基层政府不得不将常规工作转化为特定时期的中心工作，采用运动式治理的模式应对常规任务。其他研究成果可参考杨林霞《近十年来国内运动式治理研究述评》。

③ 叶敏认为，运动型治理是由各级政府、政府部门或领导干部发动的，以干部为主要的动员和参与对象，针对政府治理中遇到的重大和棘手问题而开展的一种突击性运动。

④ 唐皇凤认为，运动型治理是执政党以发动群众为主要手段，在政治动员中集中于组织社会资源以实现国家的各种治理目的，进而达成国家的各项治理任务。

动型治理的特征归纳为非制度化、非常规化和非专业化——非制度化是指国家运动为了完成任务而不惜打破既有的制度安排；非常规化是指国家运动本身的行动目标、工作组织和活动方式等都围绕特定任务而临时设定并随时调整，缺乏稳定性；非专业化是指国家运动往往不尊重专业，甚至以打破专业为荣（冯仕政，2011）。从这一概念出发，可将环保局第一阶段的治理方式视为运动式治理。

定州市环保局工作报告最早可追溯到2005年，这一年废旧塑料加工行业的“散乱污”治理是在“监管排污企业”的框架下展开的。但是因“散乱污”企业所在位置距市区较远、产业集群涵盖了整个村庄，无法像市区的重点企业一样得到有力监管。遇到上级检查，就通知排污企业停业，至于企业是否具有环保手续、敏感源在哪、环保设备是否正常运转等具体问题，都不去了解，并且也不具备科学认识的能力。检查过后，排污企业继续生产，环境问题并没有得到根本解决。由此可见，这一阶段环境治理实践的“运动式”特征：一是超出了既有的制度安排，如专人负责、定期巡查；二是监督与管理的临时性、反复性与被动性；三是治理手段的专业化水平较低。

尽管如此，这一问题还是受到了环保局的重视，报告①在“存在的问题与不足”部分提到：“环境质量有待改善，一些突出的环境污染问题仍未解决，比如……裲村废旧塑料回收加工及李亲顾钢网工业区等区域环境质量亟待改善。”次年，定州市环保局开展了三项专项治理，其中第一项就是废旧塑料回收加工行业的综合整治，为此，环保局出台了《废旧塑料回收加工行业综合治理整顿方案》，与乡镇和部门相配合，开展综合治理整顿。

运动式治理的典型事件是围绕北京奥运会开展的治理。为履行申办奥运时提出的“奥运会期间空气质量达到国家标准和世界卫生组织的指导值”承诺，无论是中央还是地方政府，都对空气质量改善工作给予了极大的关注。2007年河北省、保定市下发《关于开展违法排污企业集中排查行动的紧急通知》，定州市环保局对裲村塑料行业采取专项行动。关停违法企业30多家，协调9个加工点密集村，有污水排放的加工点集中安装治理设施，集中治理污染。2008年奥运会举办前，定州市环保局在裲村所在乡镇召集有关乡镇村的干部和重点企业代表举办了废旧塑料行业综合治理动员会。奥运会期间，环保局加大现场检查力度，与工商、电力、卫生和有关乡镇配合，出动执法人员120多人，对废旧塑料回收加工点进行联合检查，关停违法企业100多家，没收医疗垃圾4吨。

二、常态化治理的初步探索

许多学者认为，运动式治理应当向常态化治理转变。例如，郎友兴分析了运动式

① 资料来自环保局《2005年工作总结暨2006年工作安排》。

治理的弊端，认为运动式治理在效果上难以持续，在影响上弱化了法律的威信、助长了投机心理，只能解决局部问题，因此应当告别运动式治理方式，转向“全天候”日常治理（郎友兴，2008）；曹龙虎认为作为一种非制度化的治理实践，运动式治理与现代国家治理的基本目标背离，具有突出的局限性，因此转变治理范式十分必要（曹龙虎，2014）。在定州市“散乱污”治理的实践中亦能看到这一思想的体现。

环保局对常态化治理的探索得益于奥运会掀起的空气质量提升的高潮。这次环境保护运动普遍提升了人们的环境意识。2009 年因废旧塑料回收加工行业污染问题引发的环境信访案件就有 30 多起，且呈不断上升的趋势。同时，也引起了社会上关于空气质量在奥运会后是否会下滑的广泛讨论，政府对空气质量的关注不断上升。

早期运动式治理虽然不受欢迎，但是并未触及企业主的根本利益，基本可以协商解决。但随着大气污染防治要求日益严格，国家对燃煤锅炉、“散乱污”企业的治理力度不断加大，频繁的检查和对空气质量的要求、环保标准提高带来了不可调和的冲突，使得早期运动式治理方式无法维持。环保局不得不采取措施切实整治“散乱污”企业，这就触及企业主的根本利益，不可避免地产生了冲突。限于其他部门“观望式”的支持力度，2011 年监察大队补充了 30 名青年，专门负责清理“散乱污”企业。

当时监察大队组建了 30 个小伙子，专门干这个事儿——拆。现场执法的照片当时都有，那就是豁着人上，但是这个有风险，一旦出现冲突怎么办，这个企业如果纠结几十个社会人员怎么办，你打也是不对，你不强硬就执不了法。

（访谈对象：环保相关工作人员，TF，男）

但是，人员队伍的扩充仍旧无法应对整治现场的冲突，因为没有执法权，监察人员即便具有强力解决的能力，也无法采取强制措施。于是环保局开始了常态化治理的初步探索。

2010 年，环保局就废旧塑料加工行业开展调研，实行了四项措施①。

一是开展摸底调查，建立了第一份“台账”。乡镇及各个环保所对全市废旧塑料颗粒回收加工点展开拉网式排查，列出取缔名单，开展清理取缔工作。

二是广泛宣传，制造舆论氛围。通过通告、广播宣传废旧塑料加工行业的危害，以及告知定州市清理取缔的有关要求。

三是划清职责，提出“协调联动”。市环保局为牵头单位，负责组织各有关部门、单位实施清理取缔工作，同时进一步加大环保执法力度，综合运用法律、经济、技术和必要的行政手段，坚决查处环境违法行为；各相关乡镇对本辖区清理取缔行动负总责，对

① 资料来自环保局《关于废旧塑料回收加工行业的调研报告》。

本辖区内废旧塑料颗粒加工点等土法加工小企业进行排查，并严格按照取缔名单实施取缔行动，坚决杜绝废旧塑料颗粒加工点等土法加工小企业在本乡镇落户；市发改局加强对废旧塑料综合利用行业的规划布局和政策引导，严格废旧塑料颗粒加工等土法加工小企业的市场准入，遵循国家有关项目审批管理程序和规定，按照有关产业政策及安全、环保等条件，严把准入门槛，从源头上进行防范；工商局及时注销、吊销被依法关闭废旧塑料颗粒加工点等土法加工小企业的营业执照，对不符合国家产业政策、没有环评和未经环保部门审批同意的土法加工小企业，依法不予办理工商登记；供电公司负责对依法取缔、关闭的废旧塑料加工点等土法加工小企业进行彻底断电；质监局、安监局等部门加强监督和巡回检查，加大对违法行为的处罚力度；公安局积极配合取缔工作，严厉打击干扰、破坏取缔工作的违法违规行为。市卫生局加大市辖区内各级医疗机构医疗垃圾的管理和处置力度，杜绝医疗垃圾流入市场。

四是明确责任人。规定当地政府为“第一责任人”，负责辖区内塑料加工行业的综合管理，防止塑料加工行业的反弹，巩固提高综合治理的成果，有效改善区域环境质量。

三、依靠领导能力的治理

常态化治理的初步探索虽然具有重要意义，但实际上并未受到相关部门的足够重视。按照一贯的工作思路，环境治理是环保局的职责，与其他部门无关，因此除了奥运会等大事件需要各个部门通力合作外，日常工作应当由环保局全权负责。

2011 年，市纪委前副书记担任定州市环保局局长。局长之前的任职经历为环保局许多需要协调其他部门共同开展的工作提供了有利条件。从某种程度上说，这一阶段的环境治理工作主要依靠环保局局长的特殊经历和能力来推动。

倡导联盟框架理论认为，当政策子系统内的各个倡导联盟对现状均感到不可接受，但任何联盟又都不愿意做出让步时，政策过程将陷入“政策僵局”状态，这种情况下唯有通过一种与各方关系密切，且因具备某种特性而能超越各方纷争的独特力量，方能给政策变迁带来突破(王春城 等，2014)。本书的案例中，正是环保局局长利用其自身的资源优势推动环境治理实践。

局长来了之后，因为他是从监察局局长干下来的，当时他的个人威信还在，相关单位出去谁都怕纪检委，他凭着个人威信给大伙说，这么着能配合着去，这是以前的一个工作。

（访谈对象：环保相关工作人员，TF，男）

例如在乡镇发现一个“散乱污”企业，一般情况下它与乡镇或多或少都有利益关系，乡镇难以主动配合。但是环保局没有执法权限，走正常手续需要下达处罚决定书，之后有60日复议期限，60日之后才可以取证。如果企业没有异议，则移交法院，法院执行庭对企业下达传票，法院又有90天的复议期。通常一起案件要历时半年之久，但是“散乱污”企业有些只是季度性生产或者临时性生产，接到订单就做一批，做完就停工。在此期间，如果上级检查发现了这一企业，要对环保局追责。因此一般情况下，环保局向政府请示联合执法，政府召开协调会，组织电力、工信、发改、公安、乡镇等部门联合执法。

虽然其他部门一起行动，但多数是围观心态，形式大于实质，因为环保局是牵头单位，即便无法拆除，也与其他部门没有关系，特别是遇到暴力抗法的情况，支持力度更加有限。局长之前的任职经历对其他部门具有一定威慑力，在某种程度上提高了联合执法取缔“散乱污”企业时其他部门的配合力度，但是仍旧有所局限并且难以为继，因此环保局开始从职能划分入手，加强常态化治理的制度基础。网格化管理就是在这一背景下提出的。

四、实施网格化管理

定州市环保局将网格化管理制度当作其首创并在全国范围内推广其重要成果。这个新创名词在核心思路上与21世纪初在地方政府中盛行的“目标责任制”是一致的。徐勇等人认为，这一制度是在压力型体制下，地方政府为了完成发展目标而对目标细化分解，要求下级政府完成承担的指标任务，对下级工作实行严格的考核并进行奖优罚劣（徐勇 等，2002）。

网格化管理制度经过一段时间的探索，最终在中央政府强力推动环境治理的宏观背景下，被纳入行政工作的重要议程，在村镇层面进一步推进。具体而言，网格化管理的主要作用就是将环境治理的权力和责任下放，强化乡镇的属地责任，用工作人员的话说，就是改变“环保部门单打独斗”的状态，实现相关部门“齐抓共管”。这一思路初步体现了主体维度的复合型治理思想。

对于网格化管理实施以后的效果，环保局工作人员说道：

有了网格化管理，就是把职责套到他头上去了，一旦出了问题，书记镇长都跑不掉，追你的责，责任在他身上，出现违规企业了，不用你环保说话，他这会就会主动处置你去了，乡镇干部他们就冲锋陷阵去了，环保的一块配合着去。因为所有的辖区派出所都听当地党委政府的，我们无权命令人家，派出所只听乡镇的不听我们的，我们请人家公安局是请，人家去不去看人家的时间安排，去了干不干看人家的态度和心情，你左右不了。但是当地党委政府领导去了，当地就下指令拆除了，毕竟震慑力还在。这会情况我们不再像以前那样，取缔不了你也没办法。

现在这种情况也有不好的一面，因为当地党委政府在组织执法期间，他对法律上面考虑的还是少，可是现在咱们中国讲民权，讲法，我们就发生过一起这样的。在拆除一个木炭加工厂时，他是焖木炭，在不见氧气的情况下，进行焖制，就像咱们吃烧烤那个木炭，发现一个这个企业组织我们去执法，在拆这个违法企业的过程中，没考虑到木炭不能见空气，一见氧气就会燃烧，结果拆除过程中，发生着火。①

（访谈对象：环保相关工作人员，TF，男）

（一）网格化管理的初级版本

2012年，保定市环保局对全市污染源实行网格化管理，将全市污染源分成各县（市、区）级、各监察中队级、个人片区三级网格，各级网格分级落实责任人，责任人对各自网格内环境污染问题负全责。这一措施主要针对环保系统的检查监管工作，在全市形成分级负责、市局督查，市、县监察联动的有效统一监管机制。这一机制改变了以往环保领域无从问责的状况，使环境问题追责具有可操作性。定州市在推行环保工作网格化管理划分市、乡、村三级网格的基础上，进行了点、面、线的延伸，形成点上防、面上查、线上治的工作态势。这一经验被刊登于求实理论网。定州市细化后的网格化管理机制，进一步明确了责任人，实施以后，环保系统多名工作人员被问责，随着被追责人数的不断增加，环保系统内部产生了“环保人流血流汗又流泪”的说法。于是，定州市在原来网格化管理的基础上酝酿新版“网格化管理”机制，试图改变环保局单打独斗的局面，形成各部门齐抓共管的工作格局。

（二）网格化管理制度的升级

网格化管理制度升级的标志是，定州市委市政府印发由环保局草拟的《定州市推行环境保护工作网格化管理实施方案》。这一版方案不再局限于环保系统，而是将市委市政府、相关部门、乡镇都纳入其中，并将联席会等之前临时性的工作方法确定为常规工作。此文件一是明确了整合力量、统筹管理，责任明确、无缝对接，政府主导、整体推进的基本原则；二是根据全市环境保护工作实际，按三个轴线划分区域管理责任网格体系、执法管理网格体系和社会监督网格体系三个体系网格；三是进一步明确了乡

① 如工作人员所述，网格化管理显著加强了环境保护政策的执行力度，但是与此同时伴随着产生非预期后果的风险。这提示我们推动治理体系的能力现代化是一个复杂的过程，一方面，需要充分考虑可能发生的非期然后果；另一方面，对于新生事物和制度创新需要有一定的容错机制。

镇(办)、环保部门和发改、电力、安监、住建、规划、卫生、国土、质监、金融等18个部门的职责;四是在制度上确立了环保工作联席会议、联合审批把关和联合执法等;五是成立了以市长为组长的网格化管理领导小组,制定了督查督办、考核奖惩等保障措施。这一制度为实现"党委领导、政府负责、相关部门各负其责、环保部门统一监管、全社会共同参与"的环境治理设想提供了落地方案和制度保障。

2013年至今,网格化管理实施方案不断细化,各部门分工不断明确。网格化管理方案为"多方协作、齐抓共管"的环境治理格局提供了制度保障,但在方案施行初期,并未立即得到相关部门的认可。环保局日常通知相关部门领取文件、召开协调会时,仍然具有相当大的阻力。随着部门间合作越来越多,网格化管理才逐渐被其他部门所接受。

网格化实施之前,几乎所有环境相关问题都属于环保局职责范畴,但是环保局限于当前的权力职责和人员配置,不具备解决所有环境问题的能力。以禁止露天焚烧垃圾杂草为例,这一问题早期也属环保局的工作内容,但是环保局并不具备解决这一问题所需的人力条件。网格化管理实施后,将城市垃圾焚烧划归执法局,农村垃圾焚烧划归乡镇。划归执法局的依据在于,市区内清除垃圾和杂草的职责属于综合执法局,执法局下设环卫部门,管理着环卫工。露天焚烧垃圾和烧杂草,有时是因为清理不及时,居民扔烟头无意点着;有时是环卫工故意焚烧,以此减少劳动量。特别是秋季落叶较多,环卫工使用的清扫车都是密闭式三轮车,运输杂草需要多次往返,如果焚烧,就能节省很多空间,一个小三轮车一次就能全部收清。职责划归执法局后,执法局要求环卫工不得焚烧垃圾杂草,并对其进行督导检查,第一次发现焚烧垃圾杂草罚款,第二次发现开除,城区治理效果明显。划归乡镇的依据在于,农村的生产生活方式与城市朝九晚五的工作节奏完全不同,平常大多户内有村民,因此可以建立从村委到网格员最终到户的责任人。乡镇采取"谁烧罚谁,烧谁罚谁"的措施,谁烧罚谁是指明确点火人的情况,处罚点火人;烧谁罚谁是指不明确点火人的情况,在哪户范围内发现着火点,就处罚哪户。环保相关工作人员认为这一治理措施效果显著,使定州市成为近年唯一没有发现着火点、唯一没有扣缴生态补偿金的市。

对于取缔"散乱污"企业而言,难点在于此类企业具有隐蔽性、灵活性、顽固性,环保局监察人员检查时不一定查得到,查处后有极大的概率反弹,难以彻底取缔。处理此类违法成本低、执法成本高的小企业,最好的方法就是控制用电。电是企业生产的核心要素,一断电企业就无法投入生产。有的企业被摘除变压器后,会从其他变压器偷电,因此需要对每个变压器划定一个责任人,如果某个变压器被偷电,就向这个变压器的责任人问责。网格化管理制度规定电力局负责违法生产企业的断电监管工作。

全面清理违法建设、违法生产企业的供电情况，禁止对违法企业违规供电，对取缔和关停的企业采取有效措施，使其丧失生产能力；负责执行政府有关部门作出的对淘汰、关停企业和环境违法企业依法采取停、限电措施的决定；对违规向违法企业供电的人员，要追究相关部门和责任人责任；负责督促输变电企业落实输变电工程电磁辐射污染防治措施。

对于网格化在实践中的应用，访谈对象解释道：

比如烧垃圾杂草的在乡镇，他辖区内的。因为每个村都有两委干部，每个村有每个村的地界，再细化有几个大队。为什么叫网格，就是都划上线，一个格属于谁，一个格属于谁，这个叫网格员。我给你划上这个片，这个村主任就是这个片的责任人，在你这个辖区内发现焚烧垃圾秸秆的，我第一件事是找你，追你的责、通报你。他也细化到每一户农村，我们现在“谁烧罚谁，烧谁罚谁”，逮住现场了，你点的火罚你，没逮住人，烧谁的罚谁。在我这个辖区内，在我们家门口点了把火，找不着人，你家范围内就罚你，现在就完全杜绝了这个行为。

（访谈对象：环保相关工作人员，TF，男）

网格化管理的实施使得责任划分更加符合实践的逻辑，在一定程度上减少了环境治理的成本。因为相比环保局的工作人员从市区开车到村里的着火点，村两委干部和乡镇具有地理上的便利，监管起来更加便捷、快速有效，也使得环保工作开展得更有章法。

局长上任从2011年到现在，我们是几个唯一没有扣缴过生态补偿金，唯一没发现着火点的市。你现在走高速就能看见，那边到处都是点火冒烟的情况，唯独这个市走这一路看不见，但是一出市又开始这样。每次检查到我们，最直观的印象，每个督导组都是这样，都找我们取经学习。但是它得益于网格化管理的机制，每一片都有责任人，这个环保工作做得好不好，关键还在你找不找得到人，工作确实出现问题了，但是谁负这个责任呢？找不到，那下次还会出现这样的问题。像我们这个机制就有效规避了这个。

（访谈对象：环保相关工作人员，TF，男）

通过以上案例能够看出，网格化管理制度改变了以往将环境问题视为环保局单个部门职责的认识，而是将环境治理放在与经济发展同等重要的位置上，使各个部门各司其职形成环境治理合力。

第二节
“退村入园”的治理实践

虽然乡镇和村两委班子对环保工作给予了很大支持，但是随着取缔数量的不断增多，不仅“散乱污”企业主与环境治理工作发生实际利益冲突，而且还涉及在“散乱污”企业打零工维持生计的村民。严格的检查工作，使村里一度出现了怨声载道的现象。一味关停取缔的方法无法推行，定州市开始探索村民能够接受的治理方式。

2014 年 2 月，定州市与河北某再生资源开发有限公司签署了框架合作协议，公司投资 42 亿元在定州市沙河经济开发区建设北方再生资源产业基地项目。项目建成后，可入驻 500 家废旧塑料回收加工再生的中小企业，推动定州市槨村所在乡镇废旧塑料加工企业“退村入园”，实现废旧塑料回收加工产业的升级改造、环境综合整治以及可持续发展。

2017 年，定州市成立了“散乱污”办公室，对“散乱污”企业采取“改造一批，搬迁一批，取缔一批”的治理方式。改造措施适用于已有环保手续、通过各部门审批，但是环保设施不完善的企业。搬迁措施适用于具备改造条件，并具有一定经济实力可以担负搬迁费用的企业，搬迁目的地包括定州市经济开发区、北方再生资源产业基地、双天工业园区等。搬迁需要投入大量资本，因此最初符合搬迁条件的作坊并不多，其余没有环保手续的“散乱污”企业一律采取取缔措施，由于相关部门目前不再批准园区外办厂，无法通过补办手续改造的方式维持企业生存。虽然目前对“散乱污”企业的划分还比较初级，没有根据污染源类别、排污量、企业收入等变量区别治理，但是已经改变了“一刀切”的方法，开启了分类治理的进程。

槐村村委书记介绍：

咱们这个行业最早的时候应该是在 90 年代初，九几年，到现在已经有三十多年的历史。原先有好几百人、上千人。现在都没了，都关停了，关停以后进园区，园区里也有六七百人，现在大的企业都进园区了，小的企业没有了，停水断电以后把机器都拆除了。

（访谈对象：槐村村委书记，CYJ，男）

再生资源产业基地的建立，使得原本不可能完成的“散乱污”治理成为现实。基地建立的缘起是定州市市长上任后被约谈，于是市政府开始对废旧塑料加工村进行调研。调查发现，该村原料外欠账总计约3亿元，如果一味关停取缔将会形成社会问题，因此定州市政府提出大力发展再生资源产业，按照“政府主导、市场运作”的原则，采取疏堵结合、规范生产、科学发展的措施，成立再生资源产业基地。

一、再生资源产业园区概况①

园区位于定州市经济技术开发区内，东西约4.1公里，南北约1.0公里，总占地面积4 690亩（约3.13平方公里），土地类型为工业用地。项目总投资42亿元，环保投资4 000万元，占项目总投资的1.0%。园区建设方案计划容纳500家废旧塑料回收加工的中小企业，可推动该市废旧塑料加工企业“退村入园”，实现废旧塑料回收加工产业的升级改造、环境综合整治以及可持续发展。园区预计年分拣废旧塑料、废鞋等原料100万吨；年产塑料再生颗粒60万吨，年产胶粉36万吨，年产塑料袋、膜、管、板等塑料制品40万吨。

项目总占地分为生产加工区、产品交易区、物流配送区、综合服务区、教育培训区及基础配套区六大区块。其中，生产加工区占地面积2 140亩，以塑料制品为主，包含原材料分拣区、初加工区、深加工区。该区域将当地中小企业吸引到园区，整合资源，同时吸引外来投资者。产品交易区占地面积540亩，包含高端示范区及信息交易中心，区域功能主要为对产品进行展示、对园区网络进行建设、信息管理及电子商务交易等。物流配送区占地面积80亩，包含物流配送中心，区域功能主要为对整个园区的货物流通统一管理，承担整个园区运输货物的配送和发运。综合服务区占地面积730亩，包含金融服务区、科研中心、商务中心、办公中心、员工宿舍等。教育培训区占地面积200亩，区域功能主要为对园区内部职工及附近居民、企业等进行新工艺、新设备、新技术的培训。基础配套区占地面积1 000亩，建设污染治理设施、集中供水、供热、供电设施以及绿化隔离带、道路及地面硬化等，区域功能主要为对园区的“三废”进行处理，减少环境污染和建设园区的道路景观工程等。

生产加工区的塑料再生产工艺流程及污染产生情况如图4-1所示。由图可知，园区的污染治理主要包括废气治理、废水治理和噪声治理，具体如下。

废气治理。以产业园区内入驻的单个企业为一个排污单元，针对不同类型企业排

① 资料来自环保局提供的《再生资源产业基地项目环境影响评价补充报告》、基地提供的相关材料以及对相关工作人员的访谈。

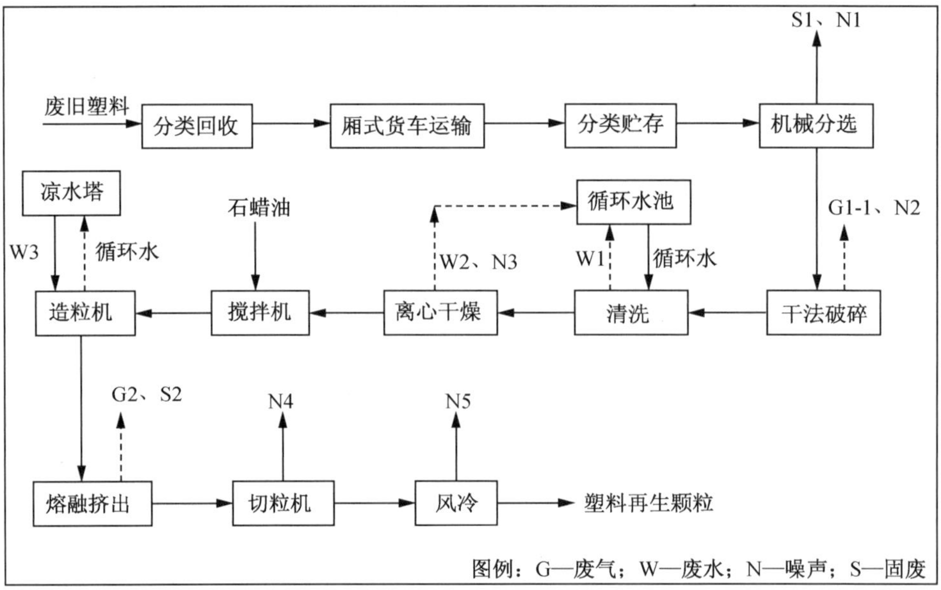

图 4-1　生产加工区的塑料再生产工艺流程及污染产生情况

放的粉尘、非甲烷总烃、HCl 等多种废气污染物，采用组合处理工艺，由 1 根 15 米长的排气筒排空。具体方案如下：以普通废旧塑料为原料的造粒企业产生的废气污染物主要为粉尘、非甲烷总烃、HCl 等，采用喷淋吸附塔（加次氯酸钠和氢氧化钠）和活性炭吸附的组合处理设施。以废旧编织袋为原料的造粒企业产生的废气污染物主要为粉尘、非甲烷总烃、HCl 等，采用"水喷淋＋静电除尘＋活性炭吸附"的组合处理设施。以废电线皮、电缆皮为原料的胶粉企业产生的废气污染物主要为粉尘、非甲烷总烃，采用布袋除尘器和活性炭吸附的组合处理设施。

废水治理。产业园区污水处理厂工程规模为每天 1 000 立方米，处理工艺为"预处理＋隔油池＋调节池＋水解酸化池＋二级生物接触氧化池＋沉淀池＋活性炭过滤器＋膜处理系统"。污水作为产业园区道路广场绿化用水、公园湿地景观用水。产业园区废水经污水处理厂处理后，在产业园区内部综合利用。

噪声治理。噪声可分为机械设备运行噪声和空气动力性噪声两类，噪声源主要为分选机、破碎机、离心干燥机、搅拌机、造粒机、切粒机、研磨机、注塑机以及风机、空压机等生产设备产生的噪声。项目使用低噪设备控制噪声，同时将相对较高噪声设备建于厂区中央，同时将生产设备设置在厂房内，采用厂房隔声、基础减振等降噪措施，将空压机设置在单独的隔声间内、风机设置隔声罩，在进出口安装消声器，并经距离衰减。

二、园区项目的动员与推进

从2013年起，政府开展征地工作，主要由村两委承担，2014年8月征地结束。为推动这一项目运行，政府和园区采用了以下方法。

（一）鼓励入园政策

每座厂房的废气、粉尘收集处理系统都由园区免费配备。免收一年市场占地费和三年物业管理费，以减轻小微企业入园压力。同时，银行制定了专属金融产品，小微企业贷款不用抵押，最高可获得50万元贷款。

（二）动员企业入园

虽然政府和园区为企业入园提供了全方位的优惠政策，以求减少企业压力，但是相对于之前的手工作坊，企业仍然需要投入一定资金。在园区建成初期，大多小作坊生产者并不接受入园政策。为了动员企业入园，一方面由乡镇宣传环境保护政策；另一方面由环保部门开展“散乱污”企业取缔工作，对不予配合的小作坊停水断电。2015年底入驻150家企业，达到试运行条件的有95家；2020年底入驻企业达到400余家，340① 多家企业参与了提升改造，达到运行标准。

（三）增加投资动力

园区厂房有1.8亩和1.2亩两种类型，可以购买，也可以租赁。每间标准化厂房平均成本约109.3万元。售卖厂房初始，为吸引小作坊搬入园区，园区每户亏损21万元，每间厂房售价88.3万元。大多数小作坊老板通过个人筹款及企业贷款可以接受这一价格。虽然企业在厂房部分没有盈利，但是除了卖给小作坊老板的厂区之外，其余土地均由企业自行经营，长远来看，收益可观。此外，由于政府牵线搭桥，园区与中国节能环保集团等企业达成全面合作协议，在平台、资金、资源方面更有优势。

（四）成立管理委员会

定州市于2014年8月4日成立管理委员会，涉及发改、财政、土地、环保、公安等多个部门，共16名工作人员。管委会一方面扮演服务者的角色，帮助企业进行项目备案

---

① 其余入驻企业因转行或暂时停产未参与提升改造。由于该类企业灵活性较强，日后可能重新开始废旧塑料加工生产，园区负责人表示这些企业重新生产前仍需达到提升改造的要求。

和办理营业执照等手续;另一方面扮演监督者的角色,负责监察企业的环境保护情况,对违法行为进行处罚。

三、现状与问题

(一)入园企业的发展现状

2020年8月,笔者前往定州市了解“散乱污”治理及园区运营的最新状况,对环保局、相关乡镇、再生资源园区现任负责人、入驻企业进行调研。对调研可及的入驻企业进行了问卷调查①,尽管无法满足严格意义上的随机调查原则,但是经与园区负责人核实,应答者涵盖了园区内企业的各个类型(除暂停运营的企业之外),能够在一定程度上反映园区的治理现状。

调查结果表明,从2014年园区成立至2020年,每年都有企业入驻,其中2015年、2018年和2019年入驻数量最多;进入园区的动因首先是环保治理,其次是园区宣传,再次为政府动员,此外还有朋友引介、企业转型。

企业法人年龄涵盖了“60后”“70后”“80后”和“90后”,平均年龄为41岁,教育程度集中在初中和高中。企业法人中58%来自定州市本地,其余大多来自同省的相邻区县,只有2家来自其他省份。

进入园区以后,约半数的企业扩大了人员规模,17%的企业保持不变,另有约三成的企业减少了人员。入园后企业员工规模在2~30人之间,平均为11人,875名员工中来自定州市的村民有618人,占比70.6%。但是在收入方面,入园产生的影响不显著,总体而言,收入稳定或增加的企业占比约47%,收入减少的企业占比约53%。

(二)治理实践的现状与问题

从制度设计上看,退村入园既实现了环境保护的目标,又为村民提供了新的生计方式。但是在实践中也面临着困境,其原因是多种多样的,例如园区的门槛、与原有生产方式的差距以及村干部对政策的理解等。

裯村村委书记谈到该村入园的企业比较少的主要原因就是园区门槛较高,村民难以负担场地费:

为什么搬不到园区里边,这里边说国家政策好,环保谁也意识到了,但是搬到园区

① 调查问卷见附录2。本次调查采用线上发放问卷的方式,由基地负责人转发给全体入驻企业,最终回收有效问卷81份。

成本太大。他买个厂房,一跨(一套)就四五十万,老百姓拿不出这个钱来,你说他干这个塑料挣钱不是那么多,不是暴利,挣不了那么多钱。资金制约着他,他去不了,他并不是说大企业集团整体搬迁搬过去可以,老百姓哪有那个钱呀?没有,他没那个资金。

他买三亩地,这八十五万,他买一亩地也掏个四五十万,三四十万,掏三十万,他再建建他的场子、盖盖房子、打打地面、买买机器,很简的机器还得投资二十万,老百姓有的没那么大气力买。

园区的入园成本太高了,人们接受不了。而且这个园区是私营园区,个人投资政府不管。后来涨价,翻了番,那肯定是逐利为目的,人家上这投资那肯定是为了挣钱。政府主导,但是政府没有钱做这个,当然投资商投钱也不少了。连征地带赔偿是2.1亿,再加上基础设施通水通路。

(访谈对象:桐村村委书记,JKJ,男)

针对入园成本的问题,政府制定了配套政策,推出了专项贷款项目,村委干部收到村民的反馈却是贷款困难,但是关于具体政策,村干部坦言不太清楚,可见这一政策在具体的实践中使用并不多,没有达到预期的效果。这也体现出干部和村民对信贷领域不熟悉、不信任,不会使用、无法使用等问题。在他们看来,信贷政策并不足以支持小作坊搬入园区,除了个别规模稍大的企业可以利用贷款或者其他方式承担入园的成本外,大部分“散乱污”企业难以达到这一门槛。

说是给贷款,实质上是,一些部门卡你,你贷不了,你没有环评,手续不全的。土地局没有证的,这都贷不了,国家政策挺好,惠农政策给老百姓贷钱贷不出来。这个咱们说不太清楚,给个什么政策不太清楚。咱们理解国家政策,市里这个政策,也算没学习到。他就是零散的这些货,他太零散了,没有形成规模。形成规模了,像俺们村CLH他们,就进了园区了。他为什么进园区?它规模大,跟南方这些公司合作着呢,供料也好,规模大,有这个资金,起码自己想点办法,或者贷点儿款或者怎么着的,能办了。这个应该是疏堵并结,一是堵着你不让你搞这个污染企业,这个疏就是让你进园区,但就说(就是因为)你这个企业规模太小,进不了。

(访谈对象:桐村村委书记,JKJ,男)

村委书记的这一说法得到了村民的证实,虽然这一村民所讲的厂区的费用与园区和村委干部说法略有出入,但能够表明这个成本确实在村民承受能力范围之外,在他们心中这是一个难以企及的数字。他们一方面认为在园区内购买厂区可以升值,但是另一方面他们起初没有能力也没有投资的眼光,厂区增值以后,更加不可企及。

你买这一块最少要一两百万,但是你拿不出那么多钱来,你就买不起,人家有钱的买的多,我这个用不完可以租出去,人家一投资投资个大几百万,好几百万,他买卖干得大。规模越大的越挣钱，当时买的时候，一亩地比如 20 万，现在过了二年三年，现在再买 60 万，他这个地方翻了一倍多。也没法子，就更买不起了。这就是过去古人说的那个越有的越有。现在你不是加工了，停着，环保管的挺紧，在哪都不能干，就把设备拆了，卖废铁了。当时园区里面要买的时候咱们没买，现在想买买不起了，你挣这点钱，还不够买厂子这个地方的钱哩，你要三五年挣不回来这些钱，等着十年八年以后，这个政策是怎么着就谁也不好说了，三年前买那个地方的人家赚了。

（访谈对象：椆村村民，CZP，男）

以退村入园的方式治理“散乱污”企业并不是定州市独创，广东、福建、山东等诸多地区也都使用过同样的办法。搬入园区一方面使得村容村貌得到有效改善，另一方面可以集中处理废物以便于相关部门进行监管。但是改变村民长期以来形成的习惯并非一蹴而就。在搬入园区的初期，改变村民的固有习惯、培养新的习惯，使园区良性运行，实现制度设计的初衷，都要假以时日才能实现。

上面已经提到搬入园区有一定的门槛，而达不到门槛的村民，要么转行，要么外出务工，但是椆村村委书记说到，废旧塑料加工相对于打工等其他谋生方式更有优势，投入较少、收入更高、工作时间更加自由、更容易与村民的日常生活相协调。

他就想办法在家里偷着干点，一天挣个二三百块钱，他也不下啥本儿，一个破碎机不就一两千、三四千块钱，接上电它就可以干了，破一吨料他挣一百，他一晚上破三吨料挣三百。破碎有噪声。他是那种想法，买不起，他不想法干啊。经济条件不太好，你就说这个就对了，他打一天工挣一百；他干买卖干惯了，他收点料，今天收一点、明天收一点，一天收三吨料，你挣三百，他打一天工挣一百，他按那么说。时间长了，慢慢连教育带强压，形成了，他现在就不弄了呗，他就打工去了，该打工打工，该想别的办法想别的办法。

（访谈对象：椆村村委书记，JKJ，男）

笔者住在椆村的时候，那里开展大力度的治理已经两三年了，村内的环境发生了翻天覆地的变化，即便如此，住在那里的每一天鼻孔里都是黑色的。长期居住在村里的村民大部分都经历了环境治理的整个过程，因此对目前的环境已经十分满意，但是有个别住在村南靠近园区的村民谈到，因为离园区较近，他们仍然受到“散乱污”加工产生的废气的影响：

既然挪了地方了，你换汤不换药，还是那个什么（有污染），你离村远一点儿。现在一刮这个南风，一早起来，那股味儿还是照样，刮到村里面来。它要扩散，你离得再远空气还是这样。

（访谈对象：椆村村民，CGJ，男）

按照园区规划，每个厂房都设置了环保设备，那么上面所提到的依然存在的加热塑料制品的气味是哪里来的呢？有村民反映园区内的一些企业为了节省成本，并不按照要求使用环保设备，而是能省则省，有人来检查就打开，没有人来就关闭，导致排放的废弃物仍旧影响周围村民的生产生活。

每个厂房旁边都有这个污水处理、废气处理的设备，那些设备能用，但是用得不多，毕竟需要成本。（感觉污染有减少吗？）没有啊，搬到那边之后，就跟污水处理厂一样，用不用是人家的自由。查的时候，肯定要24小时在那儿开，不查的时候开得很少。

（访谈对象：桐村村民，LDS，女）

“散乱污”企业治理使得村民认识到他们的损失或者说承担的成本，都是为了改善环境，所谓的环境虽然对全球都会产生影响，但是首先应当是在村庄范围内。如果他们自己为了村庄的环境而放弃了原有的生计方式，那么无论别人以何种方式破坏他们的环境，都是损害了村民的利益，也有失公允。

这个见他们有人反映过，他也不敢公开，在网上发了，反映过，也没理。他们有一部分人，拉过他们的线，拉过他们的闸，那顶什么事儿呀？你拉着人家合上。找过他们开场子的，找过园区，老百姓你说话不顶事儿，上面不压下来，他们不好弄，你弄这个环保设施，价钱不少了，他打着那个标志，那个资金谁出啊？园区出啊？园区也不给他出。个人的厂子，个人弄，设施弄不好，空气污染还是照样。你给他集中了，污染还是照样有。听说检查一下就停工了，过去了照样开，还是那个程度。

（访谈对象：桐村村民，CGJ，男）

由此可见，退村入园只是开启了一个新的治理阶段，而原来存在的问题需要时间逐步解决。参加“散乱污”治理的乡镇干部说道：

（现在）应该在治理完成的后期。从发展曲线来说，还没有到底，离完成还远远不到嘞。因为废旧塑料加工，三十多年的产业，它毕竟有这么大一个惯性，还得抓个十年二十年的。小作坊很少了，几乎没了，差不多他要反弹呀，你抓得松了，他就要开始干了。

（访谈对象：桐村所在乡镇宣传委员，WCQ，男）

有学者将企业的环境行为视为“被动行为—积极行为”的连续统一体（王宇露 等，2012）。在连续统一体的一端，企业对外部环境作出被动反应，进行防御性的游说以及对污染末端治理进行投资（Aragon-Correa J A et al.，2003）；而在连续统一体的另一端，企业积极地预测环境规制和社会发展趋势，并根据预测结果设计或者修正经营活动以防范负面的环境冲击（Klassen R D，1995）。就“散乱污”企业退村入园以后的环境行为而言，尽管已经具备了践行亲环境行为的物理条件，但是从被动的响应性亲环境行为转向积极的亲环境行为还有很长的路要走。

第三节
治理过程对于从业村民的影响

在"散乱污"治理中，生计转型不仅是提升治理成效的有效途径，而且还具有深刻的内涵。在政策实践中强行取消原有的生计模式还是推动现有生计模式的转型，两种不同的治理方式具有不同的治理成本。前者，需要政府投入人财物力进行宣传、强制、监督，而村民则要承担的代价是阻断收入来源；后者，政府除承担上述人财物力以外，还需投入相应的资源以鼓励市场介入、市场注入资金，村民相对减少一部分盈利但可以在更加洁净和安全的环境下开展生产。

两种不同的治理方式，由于处理村民生计的方法不同而暗含了不同的治理成本分配机制。环境治理成本的分配则关系到环境公平。

一、前期治理的成本影响

由于环境是一种公共资源，加之政府一直在中国环境治理的过程中发挥主导作用，当我们提到治理时，总是首先想到政府或者直接就是环保部门。与之相应，环境治理的成本就是政府在开展环境治理过程中所要花费的人力、财力和物力。作为个人，更多的是在节能、垃圾分类处理、减少私家车使用等自身的生活实践中为环境保护贡献一己之力。事实上，环境治理的主体并不仅限于此，"治理"一词的提出本身就有多主体的意涵。那么，政府、企业、个人、社会组织等主体在环境治理中各自承担治理成本的情况如何？

财政支出是政府治理成本的重要体现，梳理近年环境保护财政支出情况可以看出政府对环境治理日益重视，财政投入不断增加，2007 年设立了"环境保护"类级支出科目①，包括类、款、项三级财政专项支出，2008 年至 2011 年又逐步增添了款项②，目前款

① 资料来源：财政部网站《2007 年政府收支分类科目》。

② 资料来源：财政部网站《关于修订 2008 年政府收支分类科目的通知》、2007—2011 年"211 节能环保"支出款项明细及《全国财政收支决算情况》。

级数量发展为 15 个。全国财政支出决算中节能环保类支出总额也从 2008 年的 1 451.36 亿元增长为 2017 年的 5 617.33 亿元。有研究表明，在政府内部地方政府比中央政府投入的治理成本比重更高(表 4-2)。

表 4-2 环境保护财政支出情况表

年份	支出总额(亿元)		对地方的转移支付			地方本级环保支出	
	中央	地方	规模(亿元)	占地方环境保护支出比例(%)	占全国环境保护支出比例(%)	规模(亿元)	占全国环境保护支出比例(%)
2010 年	21.89	1 185.14	454.93	38.4	37.7	730.21	60.5
2011 年	26.56	1 235.29	476.20	38.5	37.7	759.09	60.2
2012 年	21.47	1 443.81	559.44	38.7	38.2	884.37	60.4
2013 年	21.84	1 547.74	544.58	35.2	34.7	1 003.16	63.9
2014 年	22.28	1 799.68	387.28	21.5	21.3	1 412.40	77.5
2015 年	24.16	2 146.67	462.89	21.6	21.3	1 683.78	77.6

数据转引自：徐顺青，逯元堂，陈鹏，等. 环境保护财政支出现状及发展趋势研究[J]. 生态经济，2018(2)：71-76.

以 2015 年为例，中央与地方占全国环境保护支出的比重分别为 1.1%和 98.9%，减去地方环境保护支出中来自中央转移支付的 21.6%，剩余 77.6%，远高于中央。这一方面表明了地方政府在环境保护领域的重要作用，另一方面也意味着地方财政的支持力度对当地的环境治理至关重要(徐顺青 等，2018)。诚然，财政支出只是政府环境治理成本的一部分，人力、物力等其他投入，甚至环境保护相关的工作人员在工作上投入的时间和精力也在不断加大，具体将在第六章呈现。

企业参与环境治理的类型是多样的，有主动参与型，亦有被动参与型，有的作为治理者，有的则作为被治理对象，但无论何种类型，企业都要付出相应的治理成本。概而言之，包括排污费、安装环保设备、技术升级改造、清洁能源替换、废水废气等方面的治污花费，如此等等。就“散乱污”企业而言，他们参与环境治理的成本包括更多的层面。

首先是厂区成本。许多“散乱污”企业原来是没有厂区成本的，他们的作坊就开设在自己的院子里，或者是在村外的荒地里，即便有些规模稍大的企业，也是建立在本村村民之间相互流转的土地上，其价格与非农用地的价格相距甚远。园区建成之后，所有的家庭作坊都不得继续生产，或者搬入园区生产，或者转行。搬入园区之后，无论是购买还是租赁厂房，都增加了成本。

与此同时，原先的作坊虽然没有场地费，但村民毕竟已经投入了一些资金、时间和劳动来修缮或者搭建厂区，而搬入园区就意味着前期的投入无法“回本”，造成损失。为什么在政府已经开展治理的情况下，还有村民新建、新修不合规的厂房呢？因为在园区建立以前，地方政府已经数次开展了“散乱污”治理行动，但是都未实现真正意义上的治理，效果也通常是暂时性的，这就使得村民即便知道国家在治理“散乱污”企业，也还是抱有侥幸心理，认为这一次的治理还会是“一阵风”，刮过去就没事了。在这种情况下，村民所承担的治理成本就包括了以往的投入，投入的劳力无法带来收入而成为“空欢喜”，投入的资金则是他们过去一段时间里通过辛劳工作一点一滴积攒下的“老本”，这些都成为“散乱污”治理中他们个人所需承担的治理成本。

除此之外，设备方面的投入也是村民需要考虑的成本。废旧塑料加工的生产设备比较便宜，这正是此行业能够在村庄大范围推广的重要原因。设备方面最大的支出是租赁变压器产生的费用，此外还有个别村民为了继续生产自行安装环保设备所产生的费用。按年收取租赁费的变压器，在企业停产时就变成了一项负担。自行安装环保设备的家庭作坊因为不具备企业的资质，缺少土地、工商、环保等相关审批手续，也无法继续生产，这一项支出也成了个人的成本。

二、后期治理的成本分担

按照园区建立与否，可以将环境治理分为前期和后期。前期关停和整顿“散乱污”企业对个人来说需要负担多少成本呢？上面提到的变压器，租赁费是每月 16 000 元。总体收入因生产环节、规模大小和市场行情的差异而有所不同，在访谈中，做前期回收分拣环节的，一年的收入是“十来八万”；做加热出粒环节的，一年收入是“二三十万”；也有村民提到经济景气的时候，有些大户收入能达到“百八十万”。无论具体的收入数字如何，在小作坊被关闭的时段内，这些收入都无从谈起了。

村庄内除了企业主，还有许多村民通过给这些企业打工获得经济收入。废旧塑料加工过程中，需要使用人工的主要是破碎废旧塑料，按照当地的用工价格，按吨数计价，每破碎一吨 100 元，一个工人一天大概可以破碎 4～5 吨，也就是每天 400～500 元[①]的收入。当然这样的工作不像规模化企业的流水线生产一般天天都在做，而是根据作坊的收料情况和销售情况而定，具有阶段性的特征，即便如此一年到头这样的工资收入对于村民来说也颇为可观。

园区建成运行之后，入园生产成为唯一合法从事废旧塑料加工的途径。购买厂房

① 根据笔者 2020 年 8 月对再生资源产业园区企业法人的调查，计件工人的日均工资在 80～500 元之间，工资因工种和工作量不同而具有较大差异，这一数据支持了访谈中得到的说法。

的价格在园区建立之初和运行了几年之后也有较大差别。根据村民介绍，原来两块厂房 30 多万，现在 60 多万；原来五块厂房 50 多万，现在 150 多万了。园区的厂房配备了相应的环保设施，治理初期运行这些设施所耗费的电量是企业主关注的开销之一，2019 年市政府发布了塑料行业整改规范，安全、环保、电力、市场监管、消防五个部门联合制定了提升改造的标准，约 340 家企业参与了提升改造。根据 2020 年 8 月的调查数据，企业用于环保的投资在 1 万元至 55 万元之间，平均 14.75 万元。

以上能够看出“散乱污”治理中村民需要承担的治理成本。而园区的成立，意味着市场资本的进入和对原来治理成本的分担。根据园区管委会工作人员的介绍，标准化厂房共三亩地，其中厂房 1 亩、院子 2 亩，每套厂房的成本是 109.3 万元，刚开始卖的时候为了吸引村民入驻，每套厂房卖 88.3 万元，每户亏损 21 万元。与此同时，国家出台贷款政策，推出产品再生贷，园区作为担保，每户可以贷款 50 万。而园区赔钱出售厂房的动力是什么呢？工作人员介绍，园区除了将厂房卖给村民外，并不对外出售，而是自己经营，“现在（卖厂房）赔钱，但是以后（自己经营）挣钱，有了分拣市场和粗加工，再发展深加工，运输成本就节约不少”。不仅如此，政府还为园区带来了平台、资金、资源优势，促成园区与央企和上市公司合作。

三、环境治理的公平维度

本书在概念界定部分已经提到，有关“环境公平”问题的讨论起源于西方国家，因为有色人种、少数民族和低收入群体遭受废物危害的机会比白人和富人更大，承担了更多的环境风险。在诸如垃圾焚烧、废物处理等案例中，弱势群体比较容易分辨，在一些具有较高环境风险的盈利项目中，也比较容易区分受害者和受益者，因此在享有环境权利和承担环境义务方面是否公平相对容易判断。

洪大用等人指出，西方环境公正的研究模型所涉及的种族、国籍等因素不一定适应中国国情（洪大用 等，2008）。散落在中国农村地区的“散乱污”企业就与以上情形十分不同，他们是施害者也是受害者，他们在生产中排放了大量废气，对环境造成了巨大的损害，但与此同时他们也生活在恶劣的环境当中，遭受着环境污染带来的呼吸道疾病、心脑血管疾病等方面的危害，此时，对于环境公平问题就出现了争论。

一方面，“散乱污”企业的环境行为具有外部性特征，其盈利是以牺牲环境为代价获取的，因此当人们意识到“散乱污”企业对环境的污染时，认为应当停止这种生产模式，阻止其继续污染环境。从政府的官方回应到学术研究，以及许多新闻评论，都对此进行指责。剥夺本就不属于“散乱污”从业者的资源，听起来似乎无可非议，取缔“散乱污”企业体现的正是环境公平。

但是另一方面,“散乱污”企业与其他排污企业不同,企业主和工人自身为此承担的环境风险最大,而这项劳动不仅仅是一种盈利的生意,更是他们最为重要的谋生手段。特别是早年这些小作坊还被作为公有经济的重要补充,受到政府的鼓励和支持,用村民的话说,“既没有偷也没有抢”,为什么长期从事的行业现在就要被取缔呢? 而且从另一层面讲,他们牺牲了自己的健康,为国家处理了大量的塑料垃圾。那么为了环境保护而剥夺其生计来源、让村民承担如此重的治理成本,是否公平呢?

在环境公平维度,西方环境运动和“散乱污”治理行动对比,一个清晰确定,一个则引起争论,究其原因,是二者在意愿、利益、成本方面的不同。在意愿方面,废物处理厂附近的居民迫切希望改变这种现状,从事废旧塑料加工的村民至少在起初是具有抵触心理的;在利益方面,前者的利益受到损害,而后者则受害兼受益;在治理成本方面,前者是由政府完全承担的,而后者却需要承担相应的成本。那么到底该如何看待“散乱污”治理中的环境公平问题,如何处理从事这一行业的村民的生计问题? 笔者认为可以从结构和实践的角度去理解。

首先,从结构角度看,环境公平是以社会公平为背景的。我国长期存在的城乡二元结构,恰恰导致了一些低端产业流向农村,在农业收入难以维持农村家庭的日常开销时,村民不得不从事这类污染严重的产业,他们并没有太多的选择,因为农村居民在就业机会方面远不及城市居民。正如李友梅等学者所指出的,环境风险的分布与组织内部成员的权力结构、阶级阶层结构、社会经济地位的差距显著相关(李友梅,2008;龚文娟,2013;麻宝斌 等,2018)。

其次,从实践的角度看,多数人的环境权与少数人的生存权没有高低之分,甚至对于村民这样的利益相关者而言,生存权更为重要,只有生活得以保障,日子能够过下去,才谈得上生活的质量,才有条件去考虑环境和健康。因此,抽象地讨论政府和市场是否应当分担环境治理成本毫无意义,应当从实践出发。从实践的角度来看,保证村民的生计能够有效提升“散乱污”治理的效果,如此,实践才能够得以落地,多数人的环境权和少数人的生存权才都能够得到保障。

第五章 生计方式及其环境后果

废旧塑料加工行业在富民的同时也带来了不可忽视的环境问题。最严重时，村里的自来水无法饮用，有害气体充盈着整个村庄，妇女怀孕后经常出现流产、死胎的情况。村民生活在村庄，对村内日益恶化的环境体会最深，但却仍未做任何改变。是什么使得村民甘愿生活在环境日益恶化的村庄里，“要钱不要命”呢？

在村民的话语中，“挣钱”是唯一的原因。但是在肯定经济驱动的重要作用时，不能忽视其他因素的影响。根据村民介绍，在2000年初，废旧塑料加工行业最兴盛、挣钱最多的时候，一个四口之家，夫妻两人从业，年收入约20万元。然而2018年，相同情况家庭的收入仅为5万～6万元。如果家庭的主要劳动力外出务工，也能达到这一收入水平，但是还有一些家庭在坚持从事原来的行业，这表明经济是重要却不是唯一的因素。

研究发现，人们之所以对废旧塑料加工行业产生如此强烈的路径依赖是因为长期以来这一行业已经嵌入村民生活的各个方面，包括劳动技能的习得、分家、婚嫁、教育、社会交往以及“过日子”的生活习惯和价值观。

第一节
环境变化与生计变迁

一、古代定州的生计概况

定州市历史悠久，有学者认为，其历史应不晚于尧舜禹时期。在商代，定州是商王朝的北方方国，周朝时期为姬姓封地所在，春秋时期属于鲜虞，公元前 244 年鲜虞以“中山”的名称见于史册，并延续到秦汉时期。唐代改为州，北宋时期处于与辽、金作战的前沿，因此朝廷对该地的政治、经济、军事都极其重视，宋钦宗时升为中山府，沿用至元代。明代中山府改为州，清代升为直隶州，民国时期改为县。中华人民共和国成立初期，沿用县的名称，1986 年撤县建市（米玲，2017：10-14）。

定州市气候适宜、土壤肥沃，农业发展很快。从自然条件上看，定州市地处太行山东侧，属于滹沱河冲积扇和山麓平原地带，地下水丰富，地势低平，是适宜耕作的地区。在自然条件对于经济发展发挥重要作用的时期，定州市的农业一方面种类繁多，谷类、蔬类、果类、花草虫鱼、禽类、兽类十分繁盛；另一方面还有历史上的地域名产，例如三国时以“中山好粟”出名（《定县志》卷二《舆地志物产篇》）。在农业立国的古代，定州作为古九州之一——冀州的腹心地带在历史上开发较早，尽管灾情多发，给农业发展带来诸多障碍，但农业还是取得了很大的发展，种有大面积的水稻，多次被作为“营户”安置地。

除农业以外，从殷周时期开始，定州先后出现了青铜制造业、丝织业、金银制造业、酿酒业、铸币业、藏书业、石刻业等。纺织业在魏晋南北朝和隋唐时期非常出名，品种多样，花样迭出，还出现了何明远等大商户“家有绫机五百张”。在几千年的发展过程中，经济形态几度反复，近代以来定州的手工业有：席拍、席篓、苇箔、蒲锅盖、制绳、柳编制品（柳罐、篮筐、簸箕等）、做挂面、做粉条、磨豆浆、造酒、制醋、制酱、磨香油、做芝麻糖；做各种生产生活用品：叉子、木瓢、擀面杖、水桶、风箱、农具木柄、镳铲、犁架、木耧、花生筛子、扁担、牲口鞍子、椅子板凳、风车、纺车、络车、织布机、草纸、高香、木制玩具、猪胰皂、扫帚、鞋等几十种之多(张世文,1991)。

二、富饶美丽的河畔古村

河流是村落和文化研究中的重要元素,正如有学者指出,对河流的关注,本身就带着人类学的溯源体察和诉求。经由河流文化所辐射的脉络,以及在社会发展进程中所呈现出的各种态势,我们可以了解和判断河流文化共同体的各种现状、问题,并就此做出反思(海杰,2013)。

定州在古代河流丰沛,主要的两大河流为唐河和沙河,还有河、沟、井等不同名称的小水流。根据年长的村民介绍,村里在1963年发生过一次水灾,雨整整下了七天七夜,在那以后河水变宽,河里长了芦苇,逐渐焕发生机。村民用“繁华”一词来形容当时的沙河。

柳树,鱼,沙河里很繁华,各种鸟都有。黄鸭、水鸭子,都有过。有鱼有虾,有鸭子有鸟,有芦苇有树。我们村里一个,到河里去了,转向了找不回来了。年纪也不小,到了河里去了,在那边就转不回来了。

(访谈对象:槁村村民,CGJ,男)

沙河位于村南,距村中大多数村民特别是村北的村民较远,加之当时地下水使用方便,人们饮水和生活用水并不依赖沙河,大多在自家使用地下水。

小时候,用水很方便,家里边有水一压就上来了,不用河里的水,吃饭洗衣服家家户户都有井,你钻个眼儿它就有水。原先用压水机,有10米就压出来了,后来用柴油机水泵抽水越来越深,这会儿400米以下,那会儿最多10来米,喝的水。那会儿我们地里,那会儿是稻田,都挖着沟子,有个排水沟,外面高,下面垫高,那会儿雨水也大,水也甜。地上扎个眼儿,就泛水。那会儿没有机械化,要是浇园子,挖个坑就浇,浇不完。

(访谈对象:槁村村民,CGJ,男)

如此看来沙河并不是村民日常饮用和使用的水源,但是村民却围绕沙河开展了生活生产。家家户户从河里打芦苇,编成苞子①出售,无论是成年人还是在校学生,都参与到其中。

那会儿还上小学,一到打芦苇的时候,学校就开始叫俺们一个班的,你打多少打多少,老师叫一个班的学生们全上河里去打,打了芦苇回去卖了当班里的集体资金。

(访谈对象:槁村村民,CX,女)

因此对于孩童和年轻人来说,沙河是他们日常生活的中心,村民以沙河为纽带建

① 方言,指用芦苇编制而成的席子,一般用作搭建屋顶。

立起个人与他人以及整个村庄的联系，沙河承载了许多回忆。

我们上高中的时候，有一个河南面的老师，是邢邑那边的。有几个学生，探访来了，都是女生。有一个女生来找我，让我送她，那会儿骑着自行车，过河，她不敢过，我说我送你吧，过水的时候我给她扛着车子过去的。那会儿她没见过水，怕水。我说你跟着我走！送到河那边。这么一说，已经有30多年了。

像我们小时候那会有水。几个小孩子，拉着围着圈，在水里蹚。在底下一坐，在水里打鱼。放一个小鱼袋，就装进去，我们小时候吃鱼吃得不少。我们学会游泳，就是在河里学会的，像我们这块儿的都会游泳，现在没水了。我记得有一次，那会儿还小，跟别人（下河），我就跟着在后边走，一下冲到水深的地方去了，我当时心里挺清楚，这回活不了了。后来一边撑着一个，给拉上来了。后来大一点，顺着水流，到了水坑。老百姓讲就是王坑，就是王八蓄的坑，挺深，我们在坑里面学会的游泳。河里大面积不算深，进去一个人五六尺高，但是冲到水沟水坑，很深，大坑有两层楼高。那会儿还淹死过人，他18岁，那会儿正改革开放以后，在北京跑塑料，还挺行。回来跟他们下去了，学游泳，下去就没上来。

（访谈对象：榈村村民，CGJ，男）

此时的村庄处于非农化之前的阶段，村民的生计方式是以农业为基础的。由于缺少村庄层面的历史资料，我们首先通过该市农村的整体情况对地区共性进行宏观把握，再对该村的个性进行补充。1988年市情调查组对农村400户居民家庭进行调查，调查显示，农村居民家庭的从业人员大多是以一业为主，兼营他业。其中以农业为主的人数最多，占76.3%，其他包括以畜牧业、建筑业、交通运输业等为主的。农村395户居民家庭1987年实际承包耕地2 836.8亩，户均7.18亩。主要农作物结构如表5-1所示。

表5-1　主要农作物结构表

作物种类	播种面积		总产量（万千克）	平均亩产（千克）	出售量（万千克）
	面积（亩）	比例（%）			
小麦	1 735.8	37.94	47.84	275	10.89
玉米	1 103.9	24.13	35.33	325	10.28
棉花	353.6	7.73	2.34	66	2.15
油料	562.8	12.30	11.04	196	4.96
蔬菜	237.1	5.18	—	—	—
其他	329.4	12.72	—	735	—

资料来源：赵池，陈春逢. 中国国情丛书——百县市经济社会调查[M]. 北京：中国大百科全书出版社，1992.

395户居民家庭纯收入总额为95.42万元，户均2 415元，人均571元，来自农业的占77.64%，其中种植业收入占88.92%，畜牧业收入占8.42%，林果业收入占2%(赵池 等，1992)。

以务农为主要生计来源时，土地产量和自然气候条件是影响收入水平的重要因素。该市土质属中等，其中沙土占8.8%，砂壤占36.3%，砂质轻壤占7.7%，两条主要河流两侧形成万亩沙荒地，本研究关注的村庄正是位于其中一条河流的北侧。这些地方沙丘隆起，杂草灌木丛生，一直被人们所忽视，直到实行承包责任制后，农村经济实力增强，村镇组织群众开发沙荒地，统一规划、平整土地、打井筑垄沟，分成小区下放给农户，开发后的土地可以用于栽植果树间种油料瓜果作物。在自然气候方面，该市从1949年至1979年的30年中，有18年发生洪涝灾害，其中1964年治理之前的16年中发生沥涝的有14年(赵池 等，1992)。由此可以看出，从事塑料加工的村庄属于多灾低产区，以农业为主的时期经济状况水平低于平均水平。气候和环境变化是村民转变生计方式的重要原因。

1989年村里再次遇到水灾，政府修了河坝，后来就不溻地了。种上树，(水)就不朝这边来了。整个长的芦苇，河里的鸟，可好了，大雁、鸟什么的全都来了。这渐渐的天气旱了，没水了，也没芦苇了，才想法弄塑料。

(访谈对象：裲村村民，CGJ，男)

三、加工废旧塑料的村庄

从农业向非农业的生计转型过程在地方志中记载如下：该村有传统的苇苞加工业。1972年农闲季节，95%以上的农户搞苇苞加工，年收入365元。1990年到外地收购塑料的达300户，年总收入达55万元。①

关于废旧塑料行业的发展，一位乡镇工作人员介绍道：废旧塑料加工成为产业集群并不是一夜之间形成的，也不像大型企业一般经过考察才确定厂址，而是具有一定的偶然性。起初个别村民看到周围村村民从事这一行业，开始用荒地上种植的花生抵押废旧鞋，通过做简单的鞋底分离工作换取报酬，慢慢地开始熟悉这一行业，并独立从事收购、分拣、加工工作，盈利之后带动了他们的亲戚朋友，就这样逐渐扩散开来，成为产业集群。

塑料刚开始是说个别户，收购旧鞋底，那会儿的物资比较匮乏，塑料制品并不多。另外两个相邻的乡镇，其实就是裲村带起来的，这个其实就是亲戚带亲戚，朋友带朋

① 资料来自定州市叮咛店区志编纂委员会编《定州市叮咛区志》，1992年。

友，一般就是这样发展起来的。我搞塑料挣了钱了，我就发展我的亲戚，我的亲戚再发展我的亲戚，就这样搞起来了，搞塑料的就越来越多，源源不断的。

梱村镇，原来涉及 11 个村，(废旧塑料加工)是个传统，从 20 世纪 80 年代开始形成的废旧塑料经营专业村，老百姓主导产业，就是塑料经营，其中包括收购、分拣，当时说的塑料市场。全国各地的废旧塑料，都上这儿汇集，但是这不是全国唯一的。咱们是一个比较出名的塑料集散地，有一部分收购的，原来一个是分拣，各种塑料归了类之后，再一个就是初加工。高峰时候，从业人员能达到 2 万至 3 万人，梱村镇基本是 5 万多人，一半人吃“塑料饭”，当时是小规模大群体，都是以家庭作坊为主。

(废旧塑料加工)给农户带来一定的经济收入，梱村镇是 21 个村，两个乡镇并在一起的。南边是原梱村乡，北边是桦乡，撤乡并镇，南边儿塑料为主，南边经济明显比北边发达。但是确实无序发展，生产工艺落后，都是初加工，在完成资本积累的同时，并没有升级换代。但也升级了一批，最起码出现了一批产出品，直接消费的这个塑料拖鞋，有七八十家塑料拖鞋厂，这是做得比较好的，原来做小塑料，后来做产品，也能面向消费者了，不是初级工业品了。但是大部分还是小规模、大群体，高峰的时候，2013 年开始治理的时候，大概经营户是 1 300 多户。

(访谈对象：梱村所在乡镇宣传委员，WCQ，男)

大规模的集群式生产给当地的环境带来了一些负面影响，起初人们还未意识到污染对健康带来的危害，而是直观上看到对村容村貌的影响以及对交通便利的影响。对“散乱污”的治理也是从村容村貌开始的，市场的建立有助于对行业的管理，也有助于我们整体上估计当时的加工产量。

塑料市场(因为)原来谁搞塑料，搞回来了之后就在大街里卸。刚开始是在家里卸，在大街里卸，交通市容都有影响，咱们就引导他们到外边建市场去吧，自发地建了这个塑料市场。

最高峰的时候发展到 48 个塑料市场，大车回来每天有 200 辆左右，一辆车按 10 吨算，就 2 000 吨塑料呗。一个塑料市场有 4 个车。北边这一片邻县也是加工塑料的，他们上这边收购来，咱们也上那边收购去，之间流通呗，塑料加工聚集区互相流通。下面粗加工户，发展到 1 300 多。带来的塑料垃圾没法处理。大部分都点(燃)了，带来了日益严重的环境问题。当政府意识到这个问题以后，特别是十八大以来，十八大是 2012 年开的，咱们政府就开始治理。

(访谈对象：梱村所在乡镇宣传委员，WCQ，男)

从严格意义上讲，有些“散乱污”企业算不上“企业”，找一块空地甚至就在院子里，家里两个人有时再雇佣个别工人，准备好废旧塑料、一台机器，就可以运转，他们中的大部分都没有工商许可证。

从事废旧塑料加工后的村庄，与之前的景象形成鲜明的对比。

够吃了，生活条件也好了，但污染太严重了。想法子治理，你村里治理不了。如果国家不管，村里治理不了。乱七八糟的，这一段，那一段，到了晚上就开始点火蒸底子。白天弄了一天了，到了晚上，看不见别的，他就点火。熏着，没有晴天气……就不敢晒被子。到晚上咳嗽，那痰都是黑的，家雀都是黑的。

（访谈对象：棡村村委书记，JKJ，男）

在没有任何环保设施的情况下，村里开始大范围地从事废旧塑料加工，这使得村里的环境急剧恶化。村外的人说村里烟雾缭绕，气味刺鼻，条件好一点的家庭都不饮用本地的水，妇女怀孕后流产、死胎现象比较多。村里的大学生谈到村里的环境时，说那两年放假都不想回家，虽然家里"有好吃的又舒服"，但是回来都要适应几天，刚回来时用衣服捂住鼻子，难以呼吸。

恶劣的环境给村民的健康带来了诸多影响。笔者住在棡村的时候，遇到很多村民出现呼吸道疾病，有的病情较轻也不在意，有的比较严重比如睡觉时难以呼吸、吃饭呛饭等就到市里医院检查，但是检查不出结果。从村民的话语中，能够看出从事废旧塑料加工以后，环境变化给交通、健康、邻里关系等诸多方面带来的变化。

当时市场，有大队开的一个，有村民开的。卸货了卸在街里，就堵在大街里，卸在街里走车走不了，大队里弄了块地方，不让在街里卸了。后来环保紧了，把市场关了，弄了再生资源这。

省医院里大部分都是棡村这一块的人，东边是槐村，一进我们这个地界，这个味儿就不一样。这个味儿真是不一样，村里全是蒸鞋底的，第一是那个味儿，再一个磨胶粉的那个，烟气多，也不是一家两家。烟气腾腾的，也是污染不小。

（访谈对象：棡村村民，CX女儿CY，女）

村民从事废旧塑料加工后，经济水平得到了极大的提升。满足了温饱后，大多数村民倾向于修葺房屋，产生了攀比心理，每家都希望自家的地基和台阶比别人高，似乎这样就能"高人一等"，问题也随之而来。

那会儿街里净水，你垫的阶子高，我垫的阶低。有高有低的净停（存）水，有地方都没（淹没）了车，这全统一的弄了。他垫高，你家里高，我比他家里还高，盖房子原先——这个村儿都是一般高，我们这个村非常整齐了，一家12米宽——乱了二年，盖房子你也盖我也盖，原先你盖高了我比你盖得还高。地一般平不了，有台阶，我这个台阶没什么台阶，有的家那个上的时候不好上。费钱也觉着好，老百姓觉得你盖得高了，农村里老百姓上着盖。一弄，谁也别管谁了。迷信说法吧，高你一头的感觉。

路面上净抄包子生气，打架的，净为了这个阶梯生气的。泼个水，你泼到俺们这去，我泼到你那边去，高低不平的，净生气的。有俩人专负责瞅这个水平，老百姓任何人，都得按这个水平，到你那儿涨涨，到他那涨涨，整个就打坏了。全铺成一样平的。大队一下，一排排的全砸了，一家家全砸了，谁家都没意见。就砸你的不砸他的，这老百姓就有意见。你为了道路好走，整平一般高。一碗水端平，哪怕自己吃点亏也没事。老农民这个意识，跟当干部的意识不一样，抄包的、生气的。2016 年治塑料了以后弄清的，这一下大队统一水平，谁都是这个水平。

（访谈对象：榈村村民，JQG，男）

四、退村入园与生计转型

废旧塑料加工行业的“散乱污”企业被关停之后，村民转变了生计方式，除了在家待业之外，主要有四种生计类型：一是仍旧从事废旧塑料加工行业，搬入园区或使用其他工业用地，从家庭作坊改为合法企业；二是从事与废旧塑料加工相关的行业，例如制鞋；三是转行，从事农业养殖或者建筑行业；四是外出务工。楠村村委书记就楠村的情况介绍道：

随着农民工进城，这个工资提升，现在一个技术工人，好的，达到 200 多块钱，特殊岗位，一天能挣 300 块钱，开个小工厂，也就三百二百块钱一天，打工去也能挣这点钱。还有出国的，回来有一些搞农业的，比如说 CT 他们，拿村里的地流转了，规模经营。

鼓励有本事的人，搞其他外包，比如说劳务分包，他可以带动着。有技术水平了，公司里面用，它可以带动一批人，一个人带动十几个二十个人去跟着干活，也就把剩余劳动力转移。再一个有的搞其他的小企业呢，运输的，现在运输，改成不运输塑料这一块，有几辆车，主要还是运煤，从山西朝港口上送。

包括咱们做这个工作，煤改气，现在全国都在搞，这么就有基础底子，包括在新区干着的，住着两个人，起码这三年是有活干的，可以组织个队伍，并不是说非要打工。这点儿事儿它是多种渠道，不是一种。

（访谈对象：楠村村委书记，ZJM，男）

以下是转型后四种主要生计类型的案例。

第一类是从手工作坊转为合法企业。塑料加工作坊改成合法企业并不意味着它与环境治理无关了，相反由于行业本身仍然产生污染，在重污染天气下需要停产或错峰生产，日常也有各个层级的检察人员查看生产现场。

案例中的企业原来是手工作坊，夫妻两人从九几年开始从事这一行业，至今已有二十多年。最开始的作坊在村外，厂房小，机器少。后来换了较大的厂区。生产需要的原料来自全国各地，夫妻俩直接到各个废品回收站收现成的，也有别人收集后运输到当地的。

对于当前的环保形势，企业主抱怨检查和停产不仅使得利润下降，而且造成了用工难的问题。企业入不敷出，工人工资、租变压器等各项开支成了巨大的负担。

前几年还挣钱，这个场子刚开始我们也穷，要不规模小，挣点投点，挣了一辈子的钱都投进来了，还贷款。现在国家一个政策，说不准。想扩大生产，有的时候竞争激烈，就必须得扩大生产，规模小了竞争不过，就别说挣钱了，现在是说薄利多销，本来就不好干，再加上今年环保，今年还没做这活呢，环保一查就停。我们现在什么证都有，也得停。

现在工人少了，环保老是查，工人都走了，现在找工人也找不上了。因为老百姓得挣钱花，这不行就上别处，不能老等着你。这几年不好做，工人都去别的地方了。

变压器交月租，每个月不做活1万多的月租，要不我们都着急，着急也没法，这都赔钱，天天上火，也不敢偷着干，说停就停。工人什么的，像变压器就受不了，你不干活光赔一万六千多。

（访谈对象：棡村废旧塑料加工企业主，MJX，女）

对于最近一次的检查，企业主表示出了不满。

上次省环保厅的（来检查），我们开着门也没开着机子，说开着门吧，没事儿，也开着门，就开车过来了。说料没苫盖好，环保设施的玻璃上面有纹，还有说，院子里有几个桶，灌油的桶，这次还得来。这个活咱们都不知道怎么干。他光说，你们环保证齐全吗？说有。说你们环保证也有，为什么不干呀？我说俺可不敢干。他说凭什么不敢干？我说俺可不敢干，后来就走了，也没检查出什么。

现在又来了，说15号还停，还得来看，你都不知道，弄得人心里不踏实。说的是铸造行业，俺们也停了，昨天晚上才开停了好几天，所长他们群里通知的，这一通知，谁敢干呀？查着了，罚一百万。那谁敢做呀？说都停吧，让“拐子”家开了两天，“拐子”开着呢，开了两天。黑天半夜的人家偷着干了两天。别的都没有干。

（访谈对象：棡村废旧塑料加工企业主，MJX，女）

第二类是从事与废旧塑料加工行业相关的行业——清洗和整修旧鞋（图5-1、图5-2）。村里有回收旧鞋的传统，一位村民讲到原来给废旧塑料加工作坊打工磨胶粉，把回收的旧鞋加热后将鞋面与鞋底分离，再使用机器将鞋底磨成胶粉。对于当时的工作，他说道：“一开始改革开放那会儿做这个，上工下来之后吐的痰都是黑的，但是没办法呀，为了生存，别的本事没有，人家干老板，我们就是打工的。”后来，由于身体原因，开始从事建筑行业，年纪大了之后开始重新与鞋打交道，收集回来旧鞋重新加工。

图 5-1　从事旧鞋清洗工作的农户家庭

我们也是，两个人为了生存，捡了鞋，刷新刷新，打制打制，卖了去。这个干了十来年了。现在一弄，这个也不怎么景气了，现在社会产能过剩，前些年还可以，这些旧鞋也能穿件名牌。老百姓，每个人，弄一个化肥袋子，我们这二集六集，到了集就弄一袋子回去了。

（访谈对象：椆村村民，CGJ，男）

村里的一位大学生补充道：

俺上高中时候，高中体育老师说经常上你村买鞋，弄一大布袋回去，穿可结实了，净名牌鞋从城市收回来的。俺从小上到高中都没买过鞋。我们到现在都很少买鞋，新鞋很少，除非孩子们，过了年说买双新鞋吧。

农村不讲究，撑不住了才扔。这会儿产能过剩，新鞋也不贵。旧鞋洗洗也贱，有的识货的，还是挑，就先买名牌，还便宜，它质量好。这会儿净抓环保，空气是好了，那会儿是能挣钱，动活动活就能挣钱，企业多呀。这个环保设施应用不达标，都取消了。

（访谈对象：椆村村民，CGJ 邻居大学生，女）

图 5-2　村庄从事制鞋相关工作的标识

第三类是转行，从事农业养殖或者建筑行业。村民 LDS 1995 年结婚，由于婆家从事废旧塑料加工，夫妻俩给家里帮忙，父母上年纪后作坊就交给了他们，从开始做废旧塑料加工到现在已有二十多年。废旧塑料行业有收集、运输、加工、销售四类。该村民主要是加工，从市场回收废旧塑料，在家里加工，然后卖给企业。环保治理力度加大后作坊被关停，开始转行养马。对于从事废旧塑料加工和治理现场的情形，她描述道：

刚管的时候就不干了,人把电一掐,你开机子,人家把机子给你抬走了,你干这个有什么意义?人家不叫干,不是污染吗?上河里去了,没钱买。河里好几十万百十万,有钱买呀?没钱买就不干吧。上河里的也少,俺村少别的村多,一般别的村都是租的地方,租一年也都好几十万。你像这一关,你除了花,卖不了也上火。

(访谈对象:椆村村民,LDS,女)

对于治理给生活带来的影响,她说到当地的经济受到很大影响,现在的生活与以往不同,已经无法自给自足,而是像城市一样需要通过购买获得。村里开始治理“散乱污”以后,收入明显减少,购买力也随之下降。

企业不办了,经济往下出溜,谁都是这样,经济不够花了,像咱们村里百分之八九十都是这样的。最挣钱的时候,像我们倒料,除了吃的花的剩四五万子就行。挣个十来万,三四十万的是有,但也少。一般的庄稼户,做个买卖,就是剩下五万子,一年花个四五万子,就挣十来万子吧。花得多,什么都是买,咱们村里跟城里一样了,什么都得买,没有一样不买的,你就这点儿地,都是买着吃。

咱们村里就是这么个状态,一般的有钱的就偏有钱,穷的就偏穷。那天广播着,什么经济往上升,什么往上升啊?做买卖的时候,什么东西到我们村里都卖动了,这会儿你卖了哇?这会儿买不动的多。以前,什么都买,一天挣个三五十的话,十块二十块的,花了不心疼,这会儿没有钱。

(访谈对象:椆村村民,LDS,女)

废旧塑料加工作坊被关停以后,该村民开始养马和驴,到现在养了三年。转行是跟本市另外一个村的亲戚学的,这反映出村民还是通过人情关系了解行业信息,村民互相之间存在带动效应。在养殖过程中,村民提到互联网的作用,在选择饲料、治病等方面,互联网提供了有用的信息。

见别的不做买卖的村,那个村里是专养这个的。大部分养得多,那个村四五十家养就不少了。在人家看着这个,也就这么养着,养了卖肉。今年不行。去年还行,去年还凑合,挣的够花了,今年不行,今年还赔钱,人家去年养鱼挣钱,今年养鱼赔钱,在网上查,养驴什么的都是赔钱,不是没人吃,东阿阿胶,停止收皮了。山东东阿阿胶,天天念着,收这个原先九十多一斤,剥下来的,现在五十多一车。一个驴才一千多块。

买一百多斤二百来斤的,一下喂到四五百斤,再卖了。有人来拉,有经纪就是中介,介绍来,他吃着巧儿,一头驴给他几十块钱。我们是厂子里养,原先加工厂子,也没有事儿干,就找个地方,圈起来。买(驴)药,在网上查,买什么药,治什么病,得什么病就打什么针。喂饲料,驴饲料没喂,就是猪饲料,跟玉米跟豆干,乱七八糟的什么也准备。在网上查的，网上查了，你愿意配什么，你觉得什么好，你就找点儿什么。

（访谈对象：椆村村民，LDS，女）

第四类是外出打工。一位村民提到一个朋友家的成年子女，在家里的手工作坊被关闭后，外出打工，由于缺少经验，对收入和支出没有概念，打工了三个月后又回到了家里：

他们上外面去找活儿的。一天挣的还不够花的，不够买衣裳。他们干了三个月，几个月，把他妈妈的钱花了，把工资搭进去了，一个月赔一千块钱。他就挣两千多，租房子，又吃，他来回地跑，回来坐车，坐车就十几块。因为有孩子之后（经常）回来看望。

（访谈对象：椆村村民，LDS，女）

第二节
生计对村民生活的嵌入

嵌入理论始于波兰尼，他认为在19世纪以前人类没有特殊的经济动机，经济行为嵌入社会关系中，经济行为的动机是互惠、再分配和家计三种非经济动机中的一种或若干种，只有在19世纪建立起来的市场社会中才获得支配地位（波兰尼，2007：41-48）。格兰诺维特发展了这一理论，将嵌入分为关系嵌入和结构嵌入，认为个人和企业的经济行为受到社会关系和社会结构的影响（黄中伟 等，2007）。本研究的案例体现了生产与生活的相互作用，一方面，生计作为村民最重要的经济行为形塑着婚嫁、教育、社会交往等诸多方面；另一方面，生计嵌入生活的各个方面，因而成为影响环境治理的重要因素。

一、生计方式与劳动想象

农民的劳动技能大多是向父母习得的，父母种地就学会了种地，父母是木匠就学会了做家具，父母做废旧塑料加工，孩子大多也是如此。在梱村，从事废旧塑料加工之前，大多用芦苇制作“苞子”出售，子女小的时候帮着父母编绳，慢慢可以独当一面。后来河里没有芦苇了，有村民从外村学了废旧塑料加工，逐渐推广开来，并将习得的劳动技能教授给子女。

芦苇那个老早了，老人们就干这个，刚刚记事儿，叫俺拧那个绳儿，做苞子。就跟咱们编夏天的凉席，这么宽，叫它有点固定的，结实，俺们就用麻线拧那个绳儿。小时候七八岁上，就拧那个，四五十年了。

（访谈对象：梱村村民，CX，女）

谋生方式是一个历史传统，前人学会了，后代就会不自觉地跟着经营，一个看一个，如此流传下去，慢慢形成气候，成为地方性的谋生传统……谋生也是一种习惯，任何一个行当，干久了都会变成一种机械运动——上班下班，再上班再下班；摆摊儿收摊儿，再摆摊再收摊儿。重复让人产生依赖感，再累的活儿，只要习惯了就不觉得苦，停下来反而不自在(陈辉,2015)。

村民的劳动与劳动想象是不可分割的。裀村的村民普遍不希望外出打工,他们认为这样家里的孩子和老人会缺少照顾。

有老的有小的,影响大着呢,老的老了,小的你不能什么着不弄,这看着也不行。他们出去打工的,把孩子撂到家里,三天五天的回来,挣的钱还不够车费。不如原先好,原先脏点儿吧,就在家里。像这会儿人们都出去打工,也是上北京,人家饭店里面什么的,净出去。打工做好活的少,一般做的都是脏活累活,饭店、工厂、电子厂、鞋厂,那都是。反正他们挣的也不够花。

(访谈对象:裀村村民,LDS,女)

由于进入园区门槛较高,单个村民经济条件达不到,如果搭伙既可以不用外出打工,又可以减少污染,但村内几乎没有这样的情况。

有没有想过搭伙干,不行,你跟谁搭伙都不行,这会儿搭伙的买卖做了啊,最后还是吵嚷打。跟上面的企业不一样,咱们村里动不动干嘛的就生气,还不如不干呢。没有这个想法。伙着的,一般就是你想做个主干嘛的事儿挺多,小矛盾就吵起来了,一般的就是,就是不干也不伙着。给不了钱,不挣,也不生那个气。要想着搭伙,人们早就搭伙了。原先家里弄塑料什么的开场子,搭伙了就吵,搭伙搭好的都不多,三两家,一般的搭不了三年,两年就分开了,也是吵不说话,咱们村里就说你不说话我不搭理你这个意思吧,谁也就知道,不能搭伙了。

(访谈对象:裀村村民,LDS,女)

二、生计方式与婚嫁

"塑料村"虽然环境较差,但是用村民的话说,"经济比较活跃",生活水平相较其他以农业生产为主的村庄高,因此村外的人愿意出嫁或者入赘到村里,嫁到本村的媳妇经济条件能够得到保障,入赘到村里的姑爷就有了干事业的第一桶金。村民 CZP 家里有两个女儿没有儿子,大女儿嫁到村外,二女儿留在村里和父母生活,女婿是 CZP 从承德招上门养老的。

姑娘还是愿意嫁给做买卖的,蒸鞋底挣钱,外边村里也愿意嫁到咱们村儿。村里来都不少,原先是四川的,再就是周边村的。他别处发展不了,挣的钱少,(这村)就是空气不好。闺女一般的往外嫁,都不想出村儿,在本村的,找个有点毛病的也行,她尽量找,她也不愿意出去,她就觉着这个地方经济活跃。

上门女婿要双方同意,跟娶媳妇儿是一样的。有的是男方家庭条件差了,父母挣不了钱,条件差,没有钱娶媳妇,招你去,去吧上人家,这种情况比较多。招当地女婿的不多，大部分都是上外地招。俺们这儿，像承德那边儿，上门女婿在这儿落户的多了，像承德那边有的地方条件比较差，在这边能做生意什么的。招女婿彩礼要得比较少，得差一半，有的也不要彩礼。来了以后，你家里没个老人供人家花钱呢？做生意的话都给人家拿本儿。

（访谈对象：椆村村民，CZP，男）

入赘的过程也十分有趣，一般都是先经过熟人介绍，然后男方到女方家里生活，经过一段类似于求职的“试用期”，通过之后再考虑是否或者跟入赘家庭的哪个孩子成为配偶。

不是今天过来了，今天就结婚，先在这住一年，管吃管住，这小伙子给干活，大部分都是那么情况。岁数还小嘞，十八九、二十岁。通过人介绍一看，这小伙子不赖，留下还要待两年的。也不傻。

有的小小子来了，长得挺漂亮，又挺能干。有的就是说，提前让他在这住着住几年，岁数小。在这住了，考验考验，像感觉两年后我也看着像小子行，那种情况也不少。两个闺女要个小子，住了几年，管吃管住，跟一个小孩看着对眼了，两年就结婚呗。

（访谈对象：椆村村委书记，JKJ，男）

上门女婿只是关于婚嫁的一个方面，以废旧塑料加工行业为生计方式还影响着村民的初婚年龄。根据村民介绍，早年村里的适婚年龄是十八九岁，二十岁以后就成了大龄青年，这比周围其他村庄的平均适婚年龄早了4～5年。

这个村里发展得快点儿，结婚早，基本上小孩子们这两年，转过这个劲儿了，前几年，十八九上就结婚了，到二十上就是老姑娘了。

前几年，要不这村里小孩结婚，为什么都结婚早啊，觉着家里边儿有个十万二十万的经济富裕。计划生育超生了人家罚点儿，“给你吧”，有钱挣了。所以现在在村里的小孩结婚，就跟走出了五六里地去就不一样，别人家的姑娘小子结婚最少得个二十二、二十三，在椆村的呀，你要是二十岁，这就是老姑娘了，就是最近这几年(才有所转变)。

（访谈对象：椆村村民，CZP，男）

三、生计方式与社会交往

社会交往是村民日常生活的重要内容。废旧塑料加工不仅仅是人们的劳动形式，更形塑着社会交往活动。村子里因为塑料而产生纠纷，也因为塑料而产生情谊。

俺们村里有一个送胶粉，他常年给人家送着了，人家就没欠过账，人家开场子一直供着他(货)，去了就给他结了(现金)。后来俺村里有一个，也是开同样场子的，他就料走不出去，他销不出去，你看你一车一车朝外拉，他就赶他送料的时候，他就跟着，在后头跟着去了。去了等着人家把货卸完了，俺村后头跟着这个，就去了，他说我这一吨，降多少钱啊，我叫欠着。你要我的吧。你想开场子的，你本身要的人家的多，给你多掏十块二十块，这人家还(卖价)少又让你欠着，肯定用这个人的。就这么吵起来了，两家闹矛盾呗。后来导致的这俩人，谁也不给谁算账了。

（访谈对象：桐村村民，CX，女）

废旧塑料加工成为人们的主要生计方式时，在生意中具有更多资源、更多人脉的人就更受欢迎，人们愿意跟他相处，以便对自己的生意有所帮助。

大场子做买卖比较多的，做的比较大的，你在别的场子出了产品可以给人家。你有销不了的，可以给他，但是他从中得有利。人家收你的，人家卖了钱，也别管人家。一般都是找不到客户了，你就出呗，生意场上做什么的都有。人家卖多少钱你也不知道。反正出了产品收你的，你觉得价格合适就卖给他，中间倒呗。处关系好点，就要你的呗。我就出来产品都卖，谁家有销路，现在也卖。给我处得好的，打电话就是，你哪会儿销了，哪会儿销着拉我一点儿。再有的话，就是这种去吃饭，给家里办个事也有，有什么活，他不在家了，帮人家弄一下去，就是这种情况。

（访谈对象：桐村村委书记，JKJ，男）

由此可见，生计方式影响着劳动想象、婚嫁和社会交往。事实上，生计的影响又不仅限于此，除了以上详述的三个方面，在分家、子女教育、日常生活中"过日子"等各个方面都有所体现。

分家是农民生活中的一件大事，包含着家庭结构、家庭关系、财产所有、权力结构的变化，一般是儿子在结婚时或结婚后从原生家庭独立出去，开始当家。分家内容一般为宅基地、耕地、存款等(图 5-3)。在废旧塑料加工的村里，废旧塑料加工的相关生产资料被折成现金作为家产进行分割。这意味着在一个新家庭组建的伊始，废旧塑料加工就已经成为家庭生产生活的一部分了。

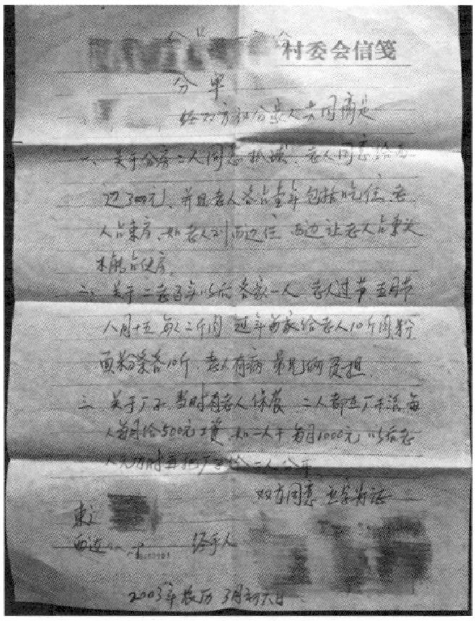

图 5-3　村民分家协议书

村民 JKJ 家有两个儿子，住房上各占一处，西面房子没有置办家具，因此老人同意补贴 3 000 元钱。废旧塑料加工厂给两个儿子一起使用，每月除各给老人 500 元生活费外，其他所有收入由儿子所有。后来，大队将集体用地统一规划，租给村民做工厂，老人又置办一处厂子，如此两个儿子各占一处。

在子女教育方面，废旧塑料加工行业兴起的时候，村里并不注重教育，原因是：一方面，年轻夫妻忙于生意，子女交由老人管教，自己则对孩子的教育无暇顾及；另一方面，家里开着废旧塑料加工厂，孩子成年后可以接手家里的生意，只要能识字、会基本的算数就可以，读书多少没有关系。

但是国家对废旧塑料加工行业进行治理之后，人们意识到这一行业无法长期为继，孩子们无法继承父母现有的生计方式，必须通过提高教育水平才能到城市里谋求好的职业，否则就没有收入来源。因此，村民对孩子的教育给予了更多的关注。

俺们村干这个的时候好几年不出大学生。他上北京，他管也不管小孩子们，上没上着学，不管你了。不愿意上拉倒，不愿意上(学)上北京，也能吃饭。现在不干，就没别的办法了。

(访谈对象：椆村村民，JQG，男)

“过日子”是农村家庭全部生活实践的总称，其核心内涵是家庭生活的再生产。是否“会过日子”成为评价农村妇女的重要依据(图 5-4)。

评价男的，就是看他有没有本事，会不会挣钱，评价女的就是看会不会过日子。像有的女的出来，看着挺好，穿着衣服挺好，挺干净的。上家里去，哪都乱七八糟，要不睡了，衣服也不洗，干吗去了？打麻将去。也有这种的，光歇着，勤快人把家里，始终都干净利索的。

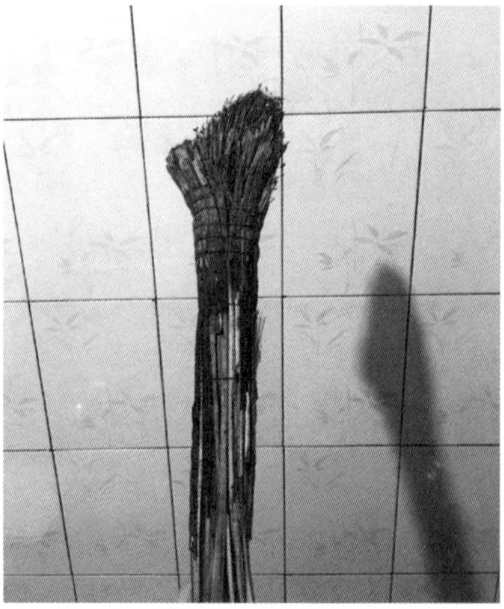

图 5-4　被认为“会过日子”的村民使用的扫帚

会过日子的妇女就是好的，有的过日子特别细，什么都舍不得买，只要能凑合着用，不浪费钱儿。有的现在这人，买了塑料盆子她不洗，脏了之后不知道扔到哪儿去了；有的刷清了，搁好了，哪天就再用。能省就省吧，一个塑料盆儿的，你要在外边放着，在院子里放，弄的脏东西呀，你不管着它，比较懒的人不管着它，她一看脏了，她都不刷，不行她就买新的去了。有的家庭妇女拾掇，不用以后，把它归结起来。

(访谈对象：椆村村委书记，JKJ，男)

“会过日子”不仅是评价妇女的标准，也成为一个家庭生活的习惯。

他有的是怎么个情况？专门上这街里处理破烂，家里有这个，用过坏了的铝的东西没用了，拿着就铸了，他刨掉加工费。但是家里铸这个，比买的那个实惠，用的时间长。买的那个新的薄。其实加工那个造价，比买那个一点都不便宜，它就是耐用。这塑料，就是坏了就扔呗。头代（第一代）塑料使的时间长，再生的那个用了一年就烂了，区别就那么大。

（访谈对象：桐村村委书记，JKJ，男）

生计对生活的嵌入，正如格兰诺维特所述：单个行为主体的经济行为嵌入与他人互动所形成的关系网络中，当下人际关系网络中的某些因素，如各种规则性期望、对相互赞同的渴求、互惠性原则，都会对行为主体的经济决策与行为产生重要影响（转引自黄中伟 等，2007）。

第三节 生计转型提升治理成效

一、村庄环境的有效改善

转型之前，废旧塑料加工使得村内环境十分恶劣（图 5-5）。妇女怀孕必须离开，否则容易出现流产、死胎。在出租车司机眼里，梱村的大气污染非常严重，不用进入村子，就能够闻到一股非常刺鼻的味道，村子里烟雾缭绕。村内饮用水也受到污染，有条件的本地人不饮用本地的自来水，都从外面买水来饮用。

在干部眼里，梱村到处堆放着回收的废旧塑料垃圾，公路上也都是加工废旧塑料时留下的垃圾，打开车门，没有地方下脚。据乡镇的包村干部说，开着车到梱村，汽车四个车胎都会被扎爆。

图 5-5　产业园区建立前的村庄图景[①]

原来他们是破烂村，再看看现在这个村，树叶咱们没的说，原来这边上都是塑料、旧鞋底子，下边是燃烧的塑料灰，我要开着车，上这村里，转一圈，四条带都没气了，都把胎扎了。

（访谈对象：梱村所在乡镇宣传委员，WCQ，男）

① 图片拍摄于“塑料村”邻村，据“塑料村”村民描述，这里与当地产业园区建立前的图景相似。

梮村村委书记讲：

那个时候，有烤塑料、烤底子的，晒衣服都晒不了，在院里晒衣服，白衣服晒不干就成了黑的了。可以这么说吧，白天在天底下一看，晚上拿手电一照，全是黑点儿、黑星。塑料跟咱们劈柴冒烟着火不一样，塑料着火烟多，灰就飞起来了，像俺们这亲身经历过。那个时间俺村里，在村内烤塑料的，有一二百户。只要中间这一家，要是烤塑料的话，晚上要是烤，起码影响前边、后边儿，这一周围吧，起码影响四五家，晒衣服就晒不了了。咱们这地板赶第二天，前天晚上烤着，（不像白天在太阳下晒着）不晒太阳不，他不这么热不，这地板上面就是跟咱们这个地方抽（烟）的烟灰，那么一层都是黑灰。

（访谈对象：梮村村委书记，JKJ，男）

由此不难看出，塑料加工企业带来的问题不仅仅是视觉上的“脏乱差”，还有生活上的不方便，更严重的是对生命健康的危害。

对塑料加工企业的管理，最早是村两委发起的。据梮村村委书记介绍：

我把沙荒地，归了一片儿。所有的烤底子的，不能说不让他干买卖，国家没有政策，全上沙荒地里去，村内不让你烤。咱们这个帮子都是布的，底子都是塑料的，弄那个火一烤，塑料化了以后，把布一扯就扯下来了，这种有一百多家烤塑料的。我们沙荒地，一千多亩地。他一家挨一家的，也占不了多少地。

（访谈对象：梮村村委书记，JKJ，男）

家庭作坊集中到沙荒地之后，逐渐形成了塑料交易市场，最高峰的时候，梮村所在乡镇发展到48个塑料市场（图5-6）。为了规范废旧塑料回收市场，环保局与各废旧塑料回收市场签订了目标管理责任书，要求禁止在塑料市场内焚烧垃圾；禁止收购、运输医疗垃圾行为；按要求建成市场围墙；保持市场内外清洁卫生，不能阻碍交通；对违反规定者罚款并责令停业整顿。

图5-6　废旧塑料交易市场原貌

交易市场的形成虽然在一定程度上改善了村容村貌，但是对行业产生的环境污染却没有起到相应的治理效果。随着环境保护标准的进一步提高，塑料交易市场被关停复耕。与此同时，环保局先后开展了运动式的“专项治理行动”，推行了“网格化”管理方式，2017 年成立了“散乱污”治理办公室，对“散乱污”企业采取“改造一批，搬迁一批，取缔一批”的治理方式。改造措施适用于已有环保手续、通过各部门审批，但是环保设施不完善的企业。搬迁措施适用于具备改造条件，并具有一定经济实力可以担负搬迁费用的企业，搬迁目的地包括定州市经济开发区、再生资源产业园区（图 5-7、图 5-8）、双天工业园区等。再生资源产业园区建立后的村庄风貌见图 5-9。

图 5-7　产业园区正门①

图 5-8　园区标准化厂房

图 5-9　再生资源产业园区建立后的村庄风貌

梱村所在乡镇的宣传委员介绍：

咱们这个治理小塑料，因为这么多年的产业了，跟事物发展似的，发展到高潮，到消灭它，肯定要有一个反复的过程，咱们从 1 324 家，到现在“散乱污”企业也不过是百

① 图 5-7、5-8 来自产业园区网站。

十来家。这个变压器看着了没，这个咱们说是照明的，那边那个变压器，上面没变压器了不，这就是下了变压器的，这（原先）就三四台。那会儿村北面是传统的工业区，那一溜变压器三四十台，一个一个的都没了。等这垃圾发电厂建好了以后，它们变成发电的燃料。

（访谈对象：桐村所在乡镇宣传委员，WCQ，男）

二、村民角色的转变

一般来说，村庄极有可能因为是否从事废旧塑料加工行业分成两个群体，从事者从中获取利益、制造污染，不从事的人置身于被污染的环境之中，又未能换来收入的提高，因此容易形成“受益圈”和“受害圈”，但“塑料村”却不是这样的。

经过三四十年的发展，“家庭作坊”的规模得以扩大，从事废旧塑料加工的家庭大多需要雇工，这就为村里的其他村民提供了工作机会。有没有既不从事废旧塑料加工，又不给这些企业打工的村民呢？有。这些村民主要从事服务业，例如村里的小卖铺、超市、诊所、美容美发店。废旧塑料加工使得村民的经济水平提高后，消费水平也相应提高，从事服务业的村民也因此受益。因此，在“塑料村”，我们没有看到“受益圈”和“受害圈”的冲突与博弈，而是作为一个整体，既受益于收入的增加，又受害于环境的污染。

在“散乱污”治理初期，再生资源产业园区还未建立，此时尽管加大治理力度，村民们还是会运用“生活的智慧”采取各种各样的策略，继续从事废旧塑料加工。比如关门阻止检查，在监督者和治理者的非工作时间生产，通过村庄延伸出去的关系网络获取治理实践的相关信息从而采取应对措施，结成利益团体在治理者进入村庄时互相通风报信，给村里其他工作“使绊子”，转移到周边管理相对宽松的村庄，等等。

甚至有的他看着你来就躲了，他知道这是违法的。你跑，给你做工作你不听，完了这来了你跑了，跑了就把机子破坏了呗，生产不了了。要不去了之后，把门锁上了，上一边立着。咱们镇上的不知道是谁，村里有人知道。

“散乱污”企业呀，现在有几户子，你不让他干，他偷着干，他晚上干。白天不让他干，晚上他偷着干，不让他用电，他用发电机干，他是那样。发电机烧柴油，打点柴油，习惯在那儿弄着了，发出电来他可以干呀，老百姓的招多嘞。

村情跟村情也不一样，个别村肯定有那个，闹起意见来，其他工作给你使绊子，这种情况肯定很多。你村里执行好多工作的情况下，他给你使绊子，给你做反面工作，涉及你的事儿了，他过去给你出个坏主意，“不行，扛着他们，不办！”比如说村里征地修路，有时候需要占个地头什么的。你要涉及他了，他不给你办。你环保，你不叫我生产，你这个工作，我给你推着，跟你谈条件。这个事儿好多，村里的小矛盾随时随地得处理着，不能激化这个矛盾，做工作是第一位的。

还想偷着干。上边儿开了会了，我这公布下去了，这两天可紧了不让干，人们一听风声紧了，外边的散乱企业不让干了。还有电有机器，晚上就偷着干，他也不跟任何人讲。看着外面没人了，上边儿检查都不在这，看着，叫着工人们偷着干，他就在外边儿看着，晚上来车什么的查。你一查，赶紧跑回去，把闸拉了。晚上一般不怎么过车，有好几个车，就是来这儿了。他们互相，偷着干的人们，互相都有个电话。在村西边，逮着了，村西给村东打电话，查来了，逮着俺了，那边也就不干了。

（访谈对象：椆村村委书记，JKJ，男）

村干部所描述的这些村民行为，就是手工作坊情境中的“弱者的武器”。在生计没有着落的时候，他们通过非正式的网络，以低姿态的反抗技术进行自卫性的消耗战与环境治理工作相抵抗。而村里整体性地实现了生计转型之后，村庄看待废旧塑料加工的方式也随之改变。特别是邻近园区的村民，已经从施害者变成了监督者。第四章所提到的村民对园区企业的举报正是角色转换的典型。

定州市的信访案件[①]清晰地反映出这一转变。2005 年，定州全市关于废旧塑料加工的信访件有 6 例，其中关于椆村、槐村、楠村三个村庄的有 2 例。2015 年，全市关于废旧塑料加工的信访件达到 50 例，田野点的三个村庄共 9 例。2017 年，全市关于废旧塑料加工的信访件达到 115 例，其中对椆村、槐村、楠村三个村庄和园区的举报案例有 25 例。2018 年信访件下降至 50 例，三个村庄和园区的举报案例有 10 例。2019 年信访件共 63 例，三个村庄和园区的举报案例有 29 例。2020 年信访件共 25 例，三个村庄和园区的举报案例有 23 例。

根据以上资料，椆村、槐村、楠村三个村庄和园区的举报案例整体上呈现出先升后降的趋势。随着园区的建立，以废旧塑料产业为中心形成的整体性村庄格局被打破，村民分化成不同的利益群体，一部分不再从事废旧塑料经营活动的村民开始加入“散乱污”企业治理的实践中，成为村庄和园区环境状况的关注者和监督者。

① 资料来自定州市环保相关工作人员提供的《信访案件汇总表》和《信访登记汇总表》，年份涉及 2005 年、2015 年、2017—2020 年。

第六章 生计转型的实践过程

前面分析了不同治理阶段在处理村民生计问题时采取的不同方式，表明生计因素对于环境治理效果的重要影响，指出在制度设计中关注农民生计的意义。在制度安排下，转型实践仍然面临挑战。生计转型意味着放弃从事原有生计积累的经验，面对新生计方式可能存在的风险。这种不确定性让村民不安，对生计转型的推力带来了村庄内部的紧张。王晓毅认为，村庄紧张[①]的内部原因是保护的需求与供给不平衡。

村民具有被保护的需求，包括资源不被外来人员分割、减少外来人员的竞争、在村庄内垄断就业机会。而在保护的供给方面，由于国家影响越来越大，村民与市场联系日益密切，经济精英往往是外向型农民，政治精英逐渐外向化，这种开放的环境和内部的分化使得村庄的整体性下降，提供的保护也减少了（王晓毅，2000）。

村庄内部的紧张意味着在“散乱污”治理过程中，生计转型之所以能够实现，仅有制度安排是不够的，还需要现实的力量缓解这种紧张，推动这一制度设计成为现实。本章将聚焦具体治理过程，指出推动生计转型的主体及其实践，分析推动生计转型的关键因素。

① 紧张是指在社会中存在许多不满，但这些不满并未表现为公开的冲突，更多的是背后发牢骚、行动中不合作、严重的不信任。

第一节
推动生计转型的主体

周雪光等学者通过分析村庄选举演变过程，提出“制度变迁中的多重逻辑”分析框架，认为村民、基层政府和国家这三个行动群体的行为受到他们身处领域中的稳定制度安排制约，反映了各自领域中的制度逻辑（周雪光 等，2010）。本书案例中推动生计转型的不同主体亦有不同逻辑和功能。

废旧塑料加工行业的“散乱污”治理涉及治理者、被治理者双方。被治理者是“散乱污”企业主，治理者主要是环保局、乡镇和村干部，同时也包括与之配合的电力部门和公安部门。比较市局、乡镇和村委的治理实践，有相同之处，也有所不同，特别是在联合执法的案例当中，三个主体相互配合，发挥的作用各不相同。

从相同点看，三类主要治理者都提到最有效的治理方法就是摘掉变压器，阻断生产动力。“散乱污”企业的生产成本低，原料、设备和一次性加工的产品都相对便宜，因此无论是没收原料、破坏机器还是没收加工产品，都不如断电有效。另外，断电相对于破坏机器，产生的直接冲突也较少。因此，环保局、乡镇和村委最初都在断电问题上下了功夫。

比方说取缔“散乱污”企业，有些屡禁不止，因为违法成本低，执法成本高，最简捷的办法是断电，一断电企业最根本的生产工具就没有了。这时候反弹不反弹先看电断没断。有的小企业会偷电，你把变压器给他摘了，他会从别的变压器偷电，这个时候我们督查电力局，因为电力局把每个变压器划定一个责任人，哪个变压器被偷了电，就追这个变压器的责。每个村都有电工，每个电工都是责任人。

（访谈对象：环保相关工作人员，TF，男）

从被治理者角度看，比罚款、拆机器更头疼的就是摘变压器，只要变压器在，他们可以通过各种各样的“策略”进行自卫性的消耗战与环境治理工作相抵抗，但是从技术上控制电源使得他们难以找到替代方案继续生产。

前几年管的不这么紧点，检查来了就停了。他怎么知道检查就来了？可以说，有底线，有内部人，是专管这个的，短不了透露点儿消息。这以后算实行绝招了，把你电停了，变压器扒了。你也不用听小道消息了，谁也干不成。那会说谁有人了、没人了，上边管着这个呢。也别说那个了，统一的管，有人没人都不叫你干了。

（访谈对象：椆村村民，CGJ，男）

尽管技术控制是治理者普遍采用的方法，但不同治理者使用的方式却各不相同，而不同的使用方式背后的逻辑则是不同主体在结构、功能等方面的不同。下面将具体介绍环保局、乡镇、村委各自的治理实践。

一、环保局的治理实践

环保局负责全市各项环境污染的治理，常规的污染类型治理如水污染防治，包括河道综合整治、工业聚集区污水集中处理、饮用水水源地保护等，专项项目治理如南水北调沿线重点村环境综合整治、农村环境连片综合整治项目、“三年大变样”等。对于不同的环境问题，环保局采用不同的方法进行治理。

对于排污量大同时作为市税收和就业支撑的企业，实施烟气脱硫脱硝、储煤场封闭管理、熄焦蒸汽深度处理等全封闭治理改造，逐步实现污染物“近零排放”的控制目标。对于市内重点污染源，纳入集污染源基本情况、网格监管、视频监控、在线监测、环境应急、执法监管等“九位一体”的智慧环保网格化执法监管系统。与重点污染源相比，废旧塑料加工行业的“散乱污”企业分散在市区以外的农村区域，距离市区较远，因此环保局通过划分片区，下设环保所与乡镇和村干部一同管理。

一位所长介绍，每个所分管片区的情况不同，主要工作内容和工作强度也不同，以种植业为主的地区难度最小，有企业的地区难度最大。这一方面是因为农业相关的环境工作主要是由农业部门负责的，另一方面也说明虽然农业污染问题亟待解决，但是当前企业排污治理是重中之重。

（我在）梳乡的（环保）所待了一年，那边没什么企业，有一部分养殖，是个回民乡。这个镇的企业多，事儿多一点。我是 2017 年到这个镇，每个所三个人，日常下去巡查，一般一起去。主要工作没有养殖，有几家“散乱污”企业，还有两个园区。我们这比较好，“散乱污”企业不太多。“散乱污”企业主要是在乡镇上，在村里摸底摸上以后组织断电、限期清理，都弄完了。

（访谈对象：椆村所在乡镇环保所工作人员，ZZL，男）

再生资源园区建立之前，环保所的主要工作是落实局里安排的治理行动，例如停产限产、错峰生产、“利剑斩污”行动等。再生资源园区成立以后，环保局加大了对“散乱污”企业的治理力度，环保所的工作人员根据乡镇统计的“散乱污”企业台账到辖区内巡查，对于不同情况分别处理。

根据台账，摸排新的企业、摊点儿，有手续的看排污设施运转不运转，新的企业看能不能补手续，该取缔的取缔，该汇报的汇报。新的小企业跟局里汇报取缔，能办证的先停产办证。取缔有交给乡镇的时候，有联合(执法)的时候。现在一般一说自己就不干了，高压态势谁还敢干。根据条文罚，只要发现了不用罚就不干了。

能合法的就合法化，该补手续的就补手续，不能合法的就取缔了。园区的企业看看排污设施是否运转正常，是否有损坏的、没更改的。园区有管委会，管委会负责招商引资、日常管理，环保所就是日常管理。

(再生资源园区)管起来以后必须办排污许可证、环评也越来越严了。现在不许办证了，不进园区的都不给办证了。再生资源园区，就是为了把塑料行业规范，它才正规了。现在比以前好监管了，企业有了环保意识，都做环评都办证，不用说了。2000 年时候不知道环保局干啥的，扫大街的？打扫卫生的？还有这种说法的，现在都不这么说了。从 2013 年开始情况好点了。

(访谈对象：桐村所在乡镇环保所工作人员，ZZL，男)

少数环保所在管辖区内有办公场所，但是大部分环保所不具备在辖区办公的条件，他们的办公地点仍在市区，日常主要工作是在辖区内巡查，检查辖区内是否出现了新的“散乱污”企业、原有的企业是否运行环保设备、要求整改的企业整改进度如何。虽然大部分工作都需要开车巡查，但是环保局的车辆配备却与其他部门并无二致，大部分工作人员都需要开自己的车。

在下边转的时间比较多，只要局里没事儿都下去，看看新开的小企业检查一下证全不全。开车都开自己的车，也没申请过(公车)，看局里吧。局里公用车就两三辆，拿文用车，或者上面来检查开车去。普通工作人员用不上，除了专项检查时候能用上。

(访谈对象：桐村所在乡镇环保所工作人员，ZZL，男)

在环保局，对于小规模的企业有多种说法，比如“散乱污”企业、土小企业、“十五小”企业、“新六小”企业等。实际上这些小企业具有诸多相似之处，只是指称的具体行业有所不同，这也表明近年来被纳入环境治理体系的行业类型和规模类型越来越多，治理体系正在逐步完善之中。

“散乱污”等企业来自国家产业名录。“新六小”是“十五小”基础上增加的，“十五小”包括镀锌、制革、小炼铝、小炼油。土小企业是最近新提的，没有排污许可证的、不能办手续的。“散乱污”跟土小企业差不多。

(访谈对象：桐村所在乡镇环保所工作人员，ZZL，男)

环保局的工作人员相对于乡镇工作人员和村干部，离村庄的“熟人社会”最远。这导致他们被隔离在村庄之外，能够发挥的作用有限，也意味着他们无法独立完成治理目标，而需要乡镇村委的配合，甚至有些时候他们开展工作是以其他主体的配合为前提的。

有一次是断了电不让走。我在镇的另一边，这边打电话，乡镇政府说查一个企业，也没生产，说把机子给他拆走，有一部分成品，没有原料。乡镇让清走他不愿意，电力局把电掐了，掐了他就不让你走。就给镇长打电话，镇长给当地派出所打电话，给村里书记主任打电话。乡镇来了带着派出所过去，就让走了。乡镇过去能做通工作，村里书记主任一叫，能把工作做通。

村里工作力度比较大，因为他们都认识，村主任谁都得给点儿面子，你不给我村主任面子，下来有什么事儿，你也不好办。你下去他知道你是干嘛的，但是他跟你不熟，不让你走。镇上再叫派出所，一起过来联合执法。联合执法一般是联系乡镇，乡镇联系当地派出所。证照齐全的企业，帮助他们办证，需要进行日常监管。塑料行业如果进园区可以办证，如果不进园区就不审批。

（访谈对象：椆村所在乡镇环保所工作人员，ZZL，男）

如此看来，环保局的工作人员似乎与村庄没有治理与被治理之外的丝毫联系。但事实上，由于大部分工作人员是本地人，他们与原生家庭所在的村庄，甚至工作上长期接触的村庄都有所联系。熟人关系仍然在人们的生活中发挥着重要作用，这就使得他们在工作中容易受到“情面”的影响。

关于人情与面子，文化研究中有许多讨论。已有研究注意到这一文化现象对政策执行的影响：一些政策执行者在执行国家政策时因只顾卖面子、送人情而不讲政策、丧失原则，最终致使国家政策在贯彻实施过程中变形走样（丁煌，1997）。

为了避免这一问题，环保局制定了“双随机”的工作方法，也就是随机抽取检查对象，随机抽取执法检查人员。这个方法一方面减少了“情面”带来的负面影响，另一方面也在一定程度上避免了工作人员成为村民所说的为他们透露内部消息的“线人”。

双随机的时候可能所之间交叉着查。以前熟了，小问题提出来，不好意思提，提出来这么能改了。生人好弄，熟人会拖一下，这么去了马上就改了。

（访谈对象：椆村所在乡镇环保所工作人员，ZZL，男）

环保局的工作人员认为“散乱污”企业之所以难治，具有多方面的原因。首先，从经营者的角度来看，“散乱污”是村民的生计方式和经济来源。其次，从市场角度来看，“散乱污”企业加工的产品仍旧有市场，再加上设备简单、隐蔽性强，这种种原因导致了违法成本低、执法成本高。最后，从社会发展和变迁的历史来看，20 世纪 90 年代确立了“稳定”和“发展”的意识形态，“经济增长至上”构成了社会稳定的必要前提，全国掀起了经济建设热潮（渠敬东 等，2009），在此背景下，手工作坊的环境问题被客观的经济效应遮蔽起来，从业者还受到地方政府的鼓励和嘉奖。这导致在政府对其开展治理时，从业者难以理解和接受，在他们的观念里“不偷不抢”的生意应当受到鼓励，至少不应当被阻止和限制。

怨言肯定有，不说多夫妻俩肯定是养着的，上有老下有小，一家子在，肯定更有怨言。关了等于断了他的经济来源，但是慢慢也能想通。有实力的有经济的就搬进（园区）去了，没实力的干不了就不干了。在高压政策下就不干这个了，要不在家歇着，要不干别的。

听说在很早的时候还引进这些企业，招商引资过来，给老百姓致富，政府说这是合法的，最近政策越来越严，审批也难了。十好几年之前，引进产业，带动多少人致富，乡镇汇报时候还说带动多少老百姓副业，那会不太讲究环境这个。老书记说当时汇报时候还是个亮点。

乡镇清理“散乱污”企业，说是企业其实就是摊点儿、小作坊。摊点儿很小的地方就能办这个事儿，成本小，设备成本投入少，也不用雇佣工人，一家夫妻两人，在家就能干。一会儿来了，支上机子干，你来取缔，他就摘了走了。原材料不多，一会儿就弄完了。加工完之后到市场上卖。

买原材料，加工了以后到市场上卖。不能直接加工成品，但是可以在市场上卖。收破烂的摊上收回来，拉回来。个人收回来放到院子里，他们再到院里收回来加工，加工完再到市场上卖。正规企业需要这个材料，所以还是有市场。

（访谈对象：椆村所在乡镇环保所工作人员，ZZL，男）

二、乡镇的治理实践

乡镇同样具有多项职能，起初环境治理不是乡镇的核心工作，对“散乱污”企业的管理被纳入安全生产的框架之下展开。一个废旧塑料加工村所在的乡镇副镇长介绍：

废旧塑料是椆村（最先做的），这（槐村）离椆村近，椆村有一个市场，从市场上进一些料，回来之后分拣，进行分类，分类之后再给企业送过去。最早机子是液压类的，粉碎加热，用模具一砸拿出来成型，那个危险。现在电加热，料传过去之后还是模具，这个门如果不关死，就不砸，事故率降低了。我们这生产餐盒，厂房里供料、产品出来都是一条线，出来了人包装一下装箱子，给高铁、飞机上的快餐。这个不让人上里边去，里面都是机械手，全自动。这个是最先进的。

（访谈对象：椆村所在乡镇常务副镇长，MQ，男）

设备更换之后，工人的安全得到了保障。这时候出现了新的问题，从事废旧塑料加工的人数越来越多，使得有限的空间变得局促，影响了人们的日常生活，于是村委建立了市场，乡镇则对市场进行监督和管理。

最早叫收破烂，废旧塑料、塑料底子、塑料袋、电缆皮，下去了到处都是。收了之后分拣，分拣之后有的需要这种材料，有的需要那种材料，需要啥送哪儿。从全国各地收，前几年上北京收，远一点的像上海，从全国各地收回来，分拣好了这边没需要的，山东、河南那边有需要的就去那边了，从外边收也往外边送。

雇车拉回来，弄一块地一停，人们就去拉了，别的人也在那停，慢慢就形成市场了。市场是村里自然形成，不能在居民区，在村外地里面圈起来的，用铁网圈的。（乡镇）管理方式主要是划定范围，市场上有交易员管理市场，还有管理员。老百姓的地，得租人家地，这个钱谁出？外面卸货的人占地方得掏钱。产业越做越大，政府开始加以引导了。因为每家每户在村里面不卫生。市场形成时候有大几十亩地，天天都在那。

（访谈对象：椆村所在乡镇常务副镇长，MQ，男）

建立市场之后，交通状况得到了极大的改善，但是有些问题仍然存在，例如回收旧鞋的卫生问题、回收医疗垃圾涉及的安全问题和环境污染问题。

还是污染环境，粉碎不太规范，都是露天，扬尘四起。熥鞋底子的，最早那会儿胶底鞋白的，时间长太光了，熥了之后撕下来，卖底子，鞋帮子就取暖了，熥时候还需要火，自己烧，四方邻居没法干，灰特别多，这种当时要求必须取缔。再一个鞋什么人都穿，怕有传染病，这个行业必须取缔。再一个椆村那边有医疗垃圾，这个也是坚决取缔的。现在卫计委管得也严，医疗垃圾统一收取，从村级卫生所，输液针头针管统一交到卫生院，卫生院再往上交，统一销毁。以前都不规范，输液管子就有些商人买走了，生产出的产品来输液还有针头，谁捡了扎一下有传染病，不敢说是个什么样的人输了液的。这种企业必须取缔。

（访谈对象：椆村所在乡镇常务副镇长，MQ，男）

随着环境保护工作越来越受到重视，废旧塑料加工受到乡镇工作的关注也日益增多。网格化管理实行以后，乡镇对废旧塑料加工行业的治理措施更加完善和系统化，一是加大了日常巡查，二是建立了联合执法制度。

2013 年搞网格化管理，现在乡镇是二级网格长，村里是三级网格长。以前综合执法队这个人也有其他工作，不是专职的，转不到位。网格化管理之后，负责好几个村，一般干部都包着村，你就是网格员，包片的就是网格长，三级是书记，两委干部分下去，村里有几个企业，干部分包企业。出了这个以后谁也知道，特别负责，咱们这没处理过人。有的企业早不干了，临时拉一车料过来了，第二天发现以后及时上报，执法队让他限期清走，不清走由咱们这负责清走。村里和执法队共同，离开村也不行。

出了网格化管理以后，平常有执法队，今天又出去了，每天在巡查企业，一个是先查原有企业，再一个是临时卸车料，去查发现了，昨天没有，晚上才卸的，咱们就去让他清走。巡查队 10 个人，镇有 28 个行政村，得不间断地转。工商、供电、公安、环保一块联合执法。乡镇有工商分局、供电站、派出所，有分包乡镇的环保所，跟乡镇的综合执法队一块下去。一般情况下到了现在，到了冬季取暖了，联合执法次数比较多，春天和夏天次数稍微少一点，我们这有针对性的几个村，生产塑料的就是几个村，并不是说28个村都有，像北面12个村就是蔬菜，它没企业，老百姓种蔬菜不用去。楠村离椆村近，咱们侧重这边。联合其他部门就是不好清的、不听的就联合执法。

步骤就是提前告知，给村干部开会，村干部通知企业要求停电停产，告诉之后不配合的人，咱们这就联合执法，断电，有供电站专业人士。断电是到企业断，企业自己接不上，断了就是把表都拿走了，咱们还跟供电站开了会，把电工叫去开了会，如果给企业私自接电，没有上面规定安的，企业主请他吃顿饭私自安上的接了电的，要开除。电工在供电站开着钱呢，咱们就卡在这，供电公司把他们纳入，给他们一个月多少钱，他们也不私自接去了。供电站是企业，不是政府，为了让他们参与管理，给予供电公司补助。工商跟着去了之后，如果不配合，吊销工商执照，把执照拿走不给他，整改到位再给他，没有工商执照做不了买卖。没有执照就不合法。环保讲为什么停电，涉及什么了。不配合，跟咱们发生冲突了，公安部门就会介入。

（访谈对象：椆村所在乡镇宣传委员，WCQ，男）

对于再生资源园区的建立，乡镇十分支持，因为手工作坊统一进入园区之后，环保所可以对其进行管理，乡镇的负担就会大大减轻。

塑料颗粒的企业要求搬到再生资源产业园区，当时整治改造注塑企业，让他们有环保手续和排污许可证，这是验收过的。有许可证的要改造。改造排放量不能超标，污水处理，咱们这大部分注塑都不涉及水了。以前塑料颗粒为什么让他们搬迁，因为涉水，让他们搬迁，搬到再生资源产业园区，有污水处理厂，把水处理一下，但是村里面的没法处理，挖个坑就随便排了。有专业人士过来之后建设，建设好了之后由省环保厅专业人员验收，验收好了再发排污许可证。

（访谈对象：椆村所在乡镇宣传委员，WCQ，男）

谈及治理中的困难或者经验，乡镇干部说道：

困难肯定有，企业取缔了，肯定不让依着你，但是咱们这个是做工作，给他讲环保，把文儿拿去，做些工作，讲政策，大部分同志是好的，个别的还是不行。再生产就断水断电，限期清材料，清不了政府处理。这两年老百姓也懂了，也挺配合。最早之前“我干这个不偷不抢也不违法”，就讲一些政策逐步知道了。现在他知道了，有时候偷着做，咱们把机器设备现场破坏，就不能生产了。一般情况下“攻坚战”，联合执法多一些，联合供电站，查到以后供电站现场掐电，没电生产不了。

（访谈对象：椆村所在乡镇宣传委员，WCQ，男）

在咱们执法的过程中，骂街的也有，打架的也有。先教育呗，先宣传教育发动，先造气氛，条幅、广播、市里面的公告、走访、调研，执法是最后的，联合执法也是个别的。在这期间有群众，肯定是不理解。

（访谈对象：桐村所在乡镇常务副镇长，MQ，男）

桐村所在乡镇的副镇长认为乡镇一级无法独立完成“散乱污”企业的治理工作。一方面资金、技术、资源不足，另一方面村民对环境问题的意识不足，这种情况下只靠乡镇来推行，工作力度不够。因此在国家还未大力开展“散乱污”企业治理时，地方政府已认识到这一问题，但只能尽可能地做一些工作，副镇长形容这些工作是“修修补补”。

镇政府这一级，没有能力解决这个问题，他自发发展起来的，咱们修修补补，禁止他点（烧），不让点这个垃圾。规范，建立垃圾转运站。上面有职能部门，有环保局，规范他，涉及水污染的，建什么设备，当时都是建了的。十八大以来，环保越收越紧，现在（“散乱污”企业）已经弊大于利了。而且再一方面，老百姓深受污染所害，当时也有一个共识，家家户户也说老这么发展下去不是事儿，应该治理了，具备这个条件了。

不让点垃圾这是在十八大之前了，转运站是2011年，当时转运站没运转起来，建转运站的资金国家给出，运营资金没有。建个转运站非常简单，投四五十万就建了。但是运营它，包括车辆、人员、收集、转运，这个费用上面没有配套资金，镇和村是无力承担的。这属于公共产品，公共产品没有财政资金的保障，所以就运转不下去了。

水污染设备相当简单，原来废水就是直排，后来做一个循环池。这没有太大的工业污染，都是清洗塑料。一个小作坊一个循环池，循环池做了防渗，当时有一个技术标准。但是那种已经过时了，现在都取缔了。一年之前就是那个标准，因为咱们的环保标准也是在不断地提高。跟那个车似的，国一、国二、国五、国六，当时它符合标准，但是后来它不符合标准了。

（访谈对象：桐村所在乡镇常务副镇长，MQ，男）

三、村委的治理实践

环保局工作人员谈到，一个违规“散乱污”企业或多或少跟乡镇和村里都有利益往来，不论用电、用工，还是给乡镇提供些许便利，都有着千丝万缕的关系，因此乡镇和村委很少主动配合执法。实施网格化管理之后，属地责任被强化，乡镇和两委干部开始为环保工作“冲锋陷阵”。

村两委的工作人员长期生活在村庄内，通过各个方面的事务与村民建立了联系，因此许多时候他们的话“更管用”，特别是发生冲突和纠纷时，村干部特别是村主任和书记发挥着重要的作用。

我们下去拆违法企业，企业老板把父亲小儿麻痹症患者放在门口，说你们要拆就从他身上压过去。公安也没法动，我们不停做工作，说你违法企业，不拆不行。他不讲这个道理，他就想保住这个企业。这个时候给书记打电话，书记风风火火骑着电动车过来了，大老远就把电动车扔了，跑着过来，踹他一脚，说把你爹弄走，反了你了。他就乖乖把他爹弄走了，让拆了。

有一次下去查秸秆禁烧，老百姓在家里烧秸秆，我们说这个不允许，非要烧就得把你带走。他一喊，半个村子的人出来了，他说你想把我带走，你就别走。我们给两委班子打电话，镇长雷厉风行地过来了，大老远扯开嗓子就骂，人呼呼呼就散了。

（访谈对象：环保相关工作人员，TF，男）

除了此类突发事件的处理，村干部的日常工作也包括"散乱污"治理。在实施网格化管理后，村干部对环保工作的支持力度非常大，对"散乱污"治理政策的宣传、辖区责任划分、上报台账信息、对重点村民开展工作等都需要村干部落实。

这里边没什么绝招，哪有绝招嘞？前期，主要是宣传，第一得宣传到位。通过广播，然后安排干部，入户，搞好统计，这村里有多少户？摸清底。针对这些，干部分片包户。这工作（包括）宣传、分包、做工作，处理这些事儿。

咱们这儿也是，近几年按照上面的指示，村里做做工作，逐步引导，现在都是"一刀切"，必须是一点儿也不能生产。但是村里面"一刀切"，没切齐的，这是在前几年。为什么陆陆续续到现在？过去我们村里有300多户搞的，到目前为止，两三户也没有，逐渐引导他们转。主要是引导，给他们做工作，一是国家政策不允许了，你得转行，不能非搞这个塑料了，打工也好，搞其他产业，搞环保的，让老百姓这个思想，他得逐渐有个转变、接受的过程，你一下把他饭碗端了，他吃不上饭了，造成社会不稳定了，全吃不上饭了，叫他干什么呀？是不。所以到现在来说，不但说包括俺们村，各个村里都加大力度了，对这个事儿，也都重视了。上边老是贯彻这个事儿，都重视了，让他们逐渐转，所以到目前为止，就没什么生产者了，个别生产的都取缔了。

（访谈对象：楠村村委书记，ZJM，男）

楠村村委书记介绍了两委开展工作的具体实践，谈到了治理中的困难和问题，比如"散乱污"治理的反复性，村民传统的是非观无法理解新的环境治理政策，加之从事这一行业的村民人数众多，管理起来颇费周折。

你想想你家生产的，这一天能挣200块钱，能挣500，你上去掐他的，一分钱挣不了了，他心里边肯定不乐意。那也得掐呀，那不掐行啊，咱们村，乡镇上管着呢，让你办这事儿，村里守土有责，任何工作安排你得干，上面的所有工作，你得干去。

有的说死灰复燃，这种情况不能说没有，到处都有。你说他犯法，他也没杀人，你说你怎么他吧，老百姓你管理他，咱们的手段只是做工作。这是第一，国家政策讲讲。他也说不干了，不干了，停。停了你松了，他就又生产起来了。

这个东西怎么说？没有犯什么大法，你对他采取不了，能采取什么措施呀？你也不能让他进监狱。你不能说生产都拘留了，反正就是。就是犯了环保法了，你都拘留了哦？严重的是得采取措施。但是国家这个不能说，法不责众，也不能那么说，但他这个群体本来就是比较大，做工作也好，肯定有难度。包括乡镇这边执法，怎么执法呀？乡镇也是说、讲，你不能暴力执法不?！不能那样。

（访谈对象：楠村村委书记，ZJM，男）

村委这一主体的治理行为体现出乡土社会的“人情势能”，当下情境中治理实践的效果往往与过去人情关系的累积有关，治理者施与被治理者的人情越多，被治理者服从和配合的概率越大、程度越高。用“厚积薄发”来形容村委和村民的互动关系是十分贴切的。这种“厚”也许是治理者对被治理者施与的人情较多较大，也许是双方在人情往来中建立的“深厚情谊”，这种“情谊”基于乡土契约精神，根植于信任，又对信任进行着再生产。

四、多元主体的治理实践

前面已经指出，环保局、乡镇、村委三个治理主体在“散乱污”治理中因循不同的制度框架，采取不同的治理方式。他们各自具有自己的优势资源，但也有所限制、无法独立完成治理工作。下面将完整展现一次联合治理行动。这次联合执法摘掉了裥村 80 多台变压器，由于涉及村民较多，治理过程十分不易。这一过程更加清晰地呈现了三个治理主体共同面对的问题，以及在同一场景中的不同作用和功能。

最突出的就是，俺们那一会 80 多台变压器。镇上、市里环保局和大队配合，最突出的就是一天 80 台变压器都下完了，一次性下完了。2014 年，定州市的市长带着。那开始下的时候，李镇长带着队下，下到八九点了，一个也下不了。开始就是下谁的？我一看下不了，“下我的！”把我的就下了，下了我的下“主任的”！我说，把主任的下了。下了以后下我们这家里的，我们哥三个都是干塑料的，下个人的，俺们把俺们的下了，光政府的下不完，老百姓自己摘自己的，全部都摘下来，吊到院儿里去了。你不下强制性下，看着俺们的都下了，谁家，谁家都摘下来。人家都下了，家子都下来了，咱们也摘吧。

从早上 8 点开始，到 9 点多钟了，还一台都下不了。（“为什么下不了呀?”）老百姓看着俺们嘞，说句实话，一个是看我嘞，看我的下了下不了，我的在中间哩，是从这儿开始下的，从这个头起，这么看下，你看下不了了。（“带着公安去为什么下不了?”）带着公安，都是老百姓，80 台变压器，涉及多少家呢？一个变压器（图6-1）带着四五户，那带着多少户呀？可以号召全村了。

先去的第一家，那一家就是不让下。那怎么生活啊？我们干吗？下了变压器我们怎么办？俺们这几十年的产业了，这么着，提这个要求。（“干部怎么回答？”）一看这个问题，就回答不了。“俺们这一台变压器十几万块钱上的，给俺们补偿”，提这个要求，我一看下不了，我的在中间哩，下我的去吧，下了我的下主任的，这才下了。主任乐意，他怎么不乐意呀？我跟主任商量先下咱们的吧，下了我再下你的，下了你的下两委班子的。（“主任，书记为什么配合这个工作？”）那你配合不配合？怎么着呀？下了变压器，三天大队里面都满着了，那一会大队全来了，一百多号人，大队全满了。“我们下了变压器怎么着？”有的村没下呀，下的少。“你说让俺们干啥，你说让俺们怎么整顿就怎么整顿，弄成什么样的能让俺们开张，把变压器弄上。俺这客户要断了，供了几十年的客户这料，人家要料了，你怎么办？”

图 6-1　村庄内的变压器

后来给他讲的，讲国家政策，达到环保，未来园区，再不污染了，讲这些道理呗，那国家有政策，没办法。（“听吗？”）听，不听？老百姓不听还行？我当时说什么呀，我那个上上了你们的都上上了，只要我的变压器上不上，那谁也别上。（“后来有达成什么协议或者给什么承诺吗？”）没有，给什么承诺呀，现在的变压器也没上，各家各户都卖破烂儿了。都没上，上不了，国家有政策呢上不上。园区建好了，就入园呗，入园上那边干，这边就算彻底了，还干净。（“有没有说现在不干了，将来入园给一些政策补贴之类的？”）有！政府有条件，优惠。第一批，是 85 万买三亩地，第二批就涨到 100 万了，有优惠政策，基本上不挣钱，基本上这里，头一批买的，有条件的老百姓都入园了，那里边好管理，上环保设施。

（“村民啥时候聚到大队的？”）摘变压器第二天。（“80 台变压器摘了多久？”）就一天就摘完了，个人摘个人的，还不快啊？我们的都下了，他们自己下自己的吧，找工人摘下来。他一看到，大队干部下了，不下也不行。书记主任的不下还能扛，书记主任都下了扛不住了。

（访谈对象：桐村村委书记，JKJ，男）

第二节 多元主体的象征意义

再生资源产业园区的建立为手工作坊式的“散乱污”企业提供了生计替代方案。除此之外，环保局、乡镇和村委都为“散乱污”的治理建立了相应的工作机制，而建立制度和场所的最终落脚点在于村民，村民接受与否在很大程度上决定着治理的成效和难度。从这个角度看，农村环境治理与其他方面的治理并无太大区别，所有治理实践都建立在以村民为中心的多元主体形成的权力结构之下。

关于村庄的权力结构，学界有许多卓越的研究，例如孔飞力提出的“地方名流政治”(孔飞力，1990)、杜赞奇提出的“权力的文化网络”(杜赞奇，2010)、费孝通提出的“无为政治”“绅士政治”(费孝通，1994)等。笔者在这里无意建构新的乡村权力理论，而是旨在借助当前研究中具有代表性的视角，分析当环境治理落脚到村庄和村民时发挥重要作用的那些因素。

陆益龙认为，经历革命、改造、改革和转型四次重大历史变迁的后乡土中国，乡村政治的基本性质已从“无为政治”转变为“村官政治”，村官代理国家权力发挥着基础性作用。村官政治糅合了国家治理和乡村自治，有机地将国家利益、基层精英利益和村民利益整合起来，在功能上向发展与施惠型政治转变，从而达到了乡村政治在总体上的良性运行状态(陆益龙，2016)。这一结论得到了当地环保部门工作人员的印证：

村里真是三教九流的，看过很多农村经历。河北有个农村频道调节邻里纠纷。你说不上两句话，两边吵得脑仁子疼。(我在)下边所里工作过一年半，秀才遇到兵，有理讲不清，你讲道理他不听，只认自己的道理。村里书记做这个工作，他几句话顶咱们几个月也达不到那个效果，能抓住他的要害，用最简洁的方式让他把这个事儿接受了。

(访谈对象：环保相关工作人员，TF，男)

基于村干部在乡村治理中发挥的关键性作用，有学者对基层政府如何有效动员并促使村干部推进政策执行开展了研究，提出基层政府一方面通过权力支配和利益置换相结合形成的“权力-利益之网”使村干部在政策执行时与其保持一致；另一方面则运用政治伦理和社会伦理相结合所勾连起的“公-私伦理之网”来确保村干部的行为与其预期一致(狄金华,2019)。

同基层政府的政策动员逻辑相似,环境治理实践的顺利开展也需要通过“权力-利益之网”和“公-私伦理之网”。不同的是,环境治理实践中的“权力”和“政治伦理”需要由权威和合法性共同生成,“利益”需要基于现实基础、借由亲信力进行认知,“社会伦理”则包含了情与理的双重维度。

一、权威与合法性

权威并非与生俱来,也不会因为干部身份而立刻获得,更多的是通过干部身份带来的与村民日常交往的机会,在具体的实践中逐步建立和积累的。干部身份有助于建立权威,反过来,权威又是获得干部身份的必要条件。当地环保局的工作人员就曾这样描述村干部:

村里书记主任都不是一般人,以前与镇长镇党委书记关系好就能当,一句话的事儿,现在不一样了,村民自治得有群众基础,到了一年一度村委会换届是全市的大事。我们村是我们乡里比较乱的一个村,基本上到村换届的时候,镇党委班子全体都得去驻村。因为现在利益比较多,这个村要是有用地指标、工业企业的富村更不好弄。能在村里当这么多年书记很不容易。

(访谈对象:环保相关工作人员,TF,男)

村干部自己也十分重视权威的作用,村里的核心干部认为这是他们与普通干部之间的区别所在,同时权威也被村干部当作决定工作效果的重要因素。楠村村委书记介绍:

你在村里当干部,应该一般的是有威望的,没威望的怎么选上去的?咱们换届都是民主选举的,是有威望的,不能说百分之百得到老百姓的票,但大部分是拥护的,所以有威望的做工作,和没有威望的做工作,还不一码事儿?说有的一般干部为什么做不了这个工作?书记主任出面解决这个事儿就解决了,这里面还有这个。

(访谈对象:楠村村委书记,ZJM,男)

村委书记的介绍表明了威望高低对工作效果的影响,有时候他们将威望与“畏惧”[①]联系在一起,当村民“怕”干部的时候,干部的管理往往是容易和有效的。

俺们这大队干部两委班子比较团结,我干这十年比较可以了。还是要怕,一般的老百姓都是那什么,因为你管的都是正义的,国家有政策,他都害怕你咧。他也知道有

① 这里所指的“畏惧”并非对干部个人或其权力的畏惧,而是出于对自身是否“占理”的判断。

污染。

（访谈对象：椆村村委书记，JKJ，男）

那么威望如何建立呢？一个团结的管理班子是干部开展工作的组织保障。椆村的一个村民在乡镇检查形势紧张的时候还在加工废旧塑料，村委书记为此多次找机会劝阻，但是劝说无效。于是书记把他当“典型”杀鸡儆猴，表明村委治理“散乱污”的决心，趁村民夜间生产时组织大队干部上门检查，带走了生产设备。

也有“拖处的”，就是不干，不干我就找他去，我说今天我给你说了几次了，你说好了也办不了了，下回要是再发现了你，我也不找乡政府，我也不找市政府，直接我大队弄你。你这个场子，你在耕地里盖了房子，我就封了你的。你非得得罪我，那我就不怕得罪你了。该来硬的就敲他呗，也没别的办法了，说好的他也办不了。

从西到大梧村那边有一家，就是那样的，我上地里边儿，我看我的地去，他在那我就跟他说，一回说一回不听。那一回，黑经半夜的，我把干部们叫过去了，查他机子，查他大队里查他去。晚上去，他正干着哩，“散乱污”企业不让干，他正干着哩，我说说你好几回了你不听，还逮着他咧，国家有政策，他也是怕，就这么把机子拉走。干部抬机子朝大队拉，我说你要不让拉，咱就报环保局，他也不让报，我说拉了他。弄那么一家两家也就没事儿了。

（访谈对象：椆村村委书记，JKJ，男）

威望的使用也同样需要一定条件，特别是面对涉及村民生计的根本性问题，管理过程中难免出现诸多冲突。楠村村委书记就提到，治理“散乱污”需要有制度依据，同时又格外需要组织保障，这样才能分担干部在治理过程中可能要面临的风险和非预期后果，干部才能全力投入治理中。

上面的压力传导到市里面，市里传导到乡镇，乡镇传导到村两委干部。具体的办法，还得两委干部，还是在村里，但是你还得有保障，光说前头有打仗的，后头没有送粮食的，没得吃还不饿坏了呀？谁还打呀，打不了了。后面都有保障，一旦出现问题，必须从市到乡镇，必须得撑腰做主。当然得依法行事，还得说依法，不能说咱们违法把人打死了，谁给你做主呀？你得负刑事责任。但是这些事儿，政策上给了你有依据，你是违反了大气污染法。

反正我们这里这些乡镇干部，是有水平有素质的，他们过去跟着干什么呀？会给你们讲法，依法办。现在任何时候都得依法，不依法，没人给你做主。说工作失误那是两码事儿，因为工作，出现点小问题，包括这次，我看咱们国家监察部那个，新调的那个，现在就是看你不敢干工作，我政府这工作，比如说他是副镇长，我在这待着，我也不犯错误，但是我也不干工作，但是现在都在这个层面说这个事儿，说你犯这个错误还是为什么？你不是为了自己？为了自己的利益，这就有事；为了工作，犯了点小错误，可以酌情考虑，我看的十九大开完以后看的这个，记者会上讲的这个。

十九大，我每天都看，你这个错误，看是干嘛的，是为了捞点钱。但是我为了工作，有的老百姓，并不是说所有老百姓，都听你的话，那就都是顺民了，不是好了？咱们有一句话说有刁民，不合适，不能那么说，确实有。有的就不讲理，你怎么做工作？把好话说尽，不行。这样的，那就利用法律武器吧，你老百姓，应该是维护，作为村里，是维护村里老百姓整体的。

（访谈对象：楠村村委书记，ZJM，男）

二、情理与现实性

陆益龙认为，乡村社会有着两个鲜明的特征：一是相对封闭性与稳定性；二是相对自在性与独立性。聚村而居是乡村社会生活的基本形态，村民们居住生活的村落，是具有社会便捷性的。村落与其外部世界的关系处于相对封闭状态，村落内部关系则处于相对稳定状态，外部力量进入村落内部结构有着很大的难度（陆益龙，2016）。

乡镇为什么有的干部解决不了这个问题？他不是天天跟老百姓在一块。你今天给这儿哩，明天不一定调到哪儿去，我不买你这个面，我不听你的，有这种情况。

（访谈对象：楠村村委书记，ZJM，男）

村庄的"内外之分"从地理特征上看是区域内外的划分，从人情往来上看则是关系远近的划分。村里的干部与村民在日常交往中建立起的关系和情面使得其工作力度大于村庄以外的干部，哪怕这些干部职位更高。楠村村委书记介绍：

有句话叫"百年不散老乡亲"，村委会也好，党支部也好，负责给老百姓服务，负责管理这个村，服务于民也得管理，光搞服务不搞管理也是不对的，必须是相辅相成的。村里面做工作为什么好做点儿，一是还得是国家这个层面的，有这个政策，村里按照政策去给他说去。然后都是一个村的，给他说了，一般情况下，没钉子户的情况下，钉子户也有个别的，那也免不了，哪也有这个。

（访谈对象：楠村村委书记，ZJM，男）

对于村干部而言，"动之以情"是"晓之以理"的重要补充。不同的人具有不同的立场，所讲的"理"也不相同。治理者的"理"是环境保护、执行政府的行政命令，被治理者的"理"则是生存之理，而环境保护的最终目的也是让人们过上美好生活。因此在现实的较量中，总会遇到两种道理谁都无法说服对方的情况，这时"动之以情"便发挥了作用。椆村村委书记讲到一位村民，讲理无法说服他时，便向他讲述自己的难处。

你就给他说呗，说他用发电机，乡政府也有了政策了，发电机也不让用，就找他呗，找他个人，找他个人不听，不能净来硬的不，不让干，对不？逮住了人家处理我，给他说好话呗，做工作，你不要弄了，就不让他弄。就给他说好话，再没办法了，我就叫他，今天中午咱们坐着喝酒，在饭店里。我说兄弟啊，你别叫我遭难了，你说他几回，他必然给你面子，“行行行，书记我得了得了”。那家说了两次，他就不了，就不干了，说“得了得了，不给你找麻烦了，逮住了还扣你工资，还是干吗?”我说你不要弄了，光这人工拣，可以到园区里粉碎去，或者加工再找机械，你在那人家逮着你了，叫我，我说你把我扣一年工资，你觉着这么好，你从良心上过去了？他说“得了，不弄了，我一次性把机子拆清了”。

（访谈对象：桐村村委书记，JKJ，男）

大多数村干部和村民都愿意维护这份情，因此即便发生了冲突也会在往后的日子里找合适的机会修复冲突带来的裂痕，重新建立起良好的关系往来。

不能光发狠。光发狠，现在国家有政策，你把老百姓打坏了也不行，多说好话就对了，也有吵架的，去年我到了现场，不可能让他把我打下马去吵下去，那我这工作就干不了了，咔咔吵起来，甚至俩人还敢“转兜”起来。弄完了以后，过不了两天我就找他去了，当场那个时候他说什么我都不饶他，但是过了那个事儿之后，你还得给他做工作去，过了事儿你再跟他见面，他也认错了。

当面吵架，打架的事件也有。像俺们这家街中间都有房子来着。做塑料他搭这一截，原先乱，我没上任之前没人管，咱们这大街挺宽，搭出来有十几米那么宽，就那么干。你给他拆了，他有时候，他不干了，他不干了就吵架呗。他也不愿意腾，他花钱盖的，他怎么着也得投资。当时就吵开了，他不弄，别人家都弄了，他不弄，你强拆他了，他跟你吵架，甚至还敢打起来，在那个场合谁家都弄了，剩下这一户你怎么办呀？该来硬的就来硬的呗，给他吵。吵完，吵着吵着，吵了架，还不拆他的了？今天只要是我这个书记还干着，我今天就非把你这一户拆清了不行，当场就拆了他了。拆了以后，白天找他家去，在那儿坐着，该给他赔个礼，农村这个工作，老百姓就是这么回事儿。咱俩吵了架也是，改天见了面了，那天我不对了，怎么回事。不过当时那么多人，我能怕你哦？谁都拆了，你以后注意点儿，有什么事儿你找我，我给你办，这么一说就过去了，就没事儿了。

（访谈对象：桐村村委书记，JKJ，男）

“情”与“理”有时是统一的，有时则是相互矛盾的。而干部则在上级命令和村民意愿之间寻求解决之道。在定州市强力推行“散乱污”治理时，村干部则为干部与群众之间的“情”困扰。

那谁家那块就是么，东边他家那个场子有二亩地。他们干的时间也不短，就是说整顿这个“散乱污”企业的时间，咱们这说为了发展园区，掐电都掐完了，三相电一律不给。围着咱们这个村边上这个村里边，人家有干的，人家有用电干的，你管得很紧的，人家说你这个书记，不为老百姓服务。当时挣不了钱，他就说这个。

（访谈对象：椆村村委书记，JKJ，男）

“情”与“理”也需要现实基础，这种现实性用村民的话说就是“能办事儿”。如果干部能为村民办到他们自己办不到的事情，村民就愿意拥护和支持干部，甚至原来与干部有“过节”的村民也能与干部重归于好。

有个人，这个原来就是反对我的，跟我搞对立，原来的村主任，我干了他下去了，他就不乐意呗，特别有意见，但是通过三年的时间把他转化了。然后他给我表态，他说永远你在村里干，干得非常好，我永远服你，包括村换届，他说你说选谁就选谁，不但说我选，而且我能影响的人，我给你说话。但是我当时他掺和不上，但是就说老百姓得让他心里服。

为什么做到这一点？他家里的实际困难我都给他解决了。他做个小企业，他那个场地里边有坟，有六七个坟，他解决不了，这个企业占一小块地，这事儿我就给他办了，我给他做工作迁出去。我给他500块钱，迁一个坟500，迁到沙河滩里，我给他办了呗，好几件事，还有。所以他从心里，这个事情挺服气，我不但说你跟我说对立面，我不但不制裁你，不用公权来制裁你，反而我跟你主动接触，你有困难我帮你办。所以村里面没有这个矛盾对立的，没有。

你包括这个七所八站，供电站、派出所，老百姓办个事儿，有时候并不是说他们做工作不好，他们不行，有时候办起来困难，都这么多年了。当时，也许当时那会儿态度不好了，你这个办不了，不能说故意刁难，反正就说这个事儿，作为咱们到了我们主动给你办，所以这个基础打得好，给老百姓普及工作还相对容易。像我们村现在400多户，每户都给他们实实在在办过事，拿出任何一户了，无代价。他觉得这个事儿应该花钱，那我不用你花钱，我想法给你办，那花钱合理呀？不合理。花钱根本都不合理，他职能部门办这个工作，应该给他办了，更方便，这是基层工作。但这些东西跟你说上不了台面。

（访谈对象：楠村村委书记，ZJM，男）

书记的话反映了村庄之内的人情关系，也反映出干部开展工作需要有据可循。陈辉在对关中农民进行研究时认为，想要当好一个干部，必须讲理，必须成为地方性规范的集大成者，不违反老百姓内心深处最基本的是非观念（陈辉，2015）。而“理”的内涵，包括政策、法规等制度依据，更意味着村民长期以来形成的是非观、伦理观。

你在村里这个工作，干什么工作，这个不让你弄，到哪儿去，一家也不许留，你叫他去了不叫他去，他不骂你啊，他找你家去给你说，为什么人家不搬行啊？老百姓主要是要这个平等。统一的政策，没什么怨言，同意了就行，你叫他们走了，我搬那边去了，离家这么远，不方便吃饭，他还在这烤，他跟你是一家呀，还是怎么回事儿啊？他给你送了多少礼呀？他跟你吵，不好做。

（访谈对象：椆村村委书记，JKJ，男）

三、认知与亲信力

前面提到，从事废旧塑料加工以后，村民对孩子的教育就没那么重视了，因为这一行业容易上手、利润可观，村民认为没有必要投入教育成本，花时间和金钱上学。而受教育程度在很大程度上影响着人们认识世界的方式，受教育程度越高越趋向于“科学型认知”，反之则趋向于“亲信型认知”。二者的区别在于，前者通过科学的方法直接认识世界，后者则通过可信的人间接认识世界。

例如在了解废旧塑料加工政策时，教育程度越高的人越倾向于通过官方文件了解政策本身，而受教育程度低的村民则选择找他们信得过的人了解情况。尽管随着互联网的普及和政府信息公开程度的不断提高，大部分村民已经具备了查阅相关政策的客观条件，但他们很少这样做。一方面，因为阅读能力有限，即便主动查阅也不一定能弄清楚文件的意思，并且没有养成这样认识世界的习惯；另一方面，人们认为“县官不如现管”，在“人情社会”中的村民十分清楚政策规定与具体落实之间的距离。

这种认识习惯使得村干部在环境治理过程中需要具备“亲信力”。所谓“亲”是指关系亲疏，村民更愿意相信和听从与他关系近的人带来的信息，至少相对于乡镇或者更高级别的治理者而言，村干部与村民的日常互动更为频繁，关系也更加亲近。楠村村委书记说道：

你去（做工作），他不愿意，他就跟你说呗，“这能不拆呗？能顶住呗？这干部”。“顶不住！这国家政策顶不住！谁能顶住呀？谁也顶不住，办吧，迟早舍不了！晚办还得给你拆去，就这么说吧，你说俺能跟你说了，你不办，下来给你强硬措施，你还得办，你说你图什么，俩人还都不高兴，你就按咱们说的办就对了。”

（访谈对象：楠村村委书记，ZJM，男）

“顶住”一词就显示出在村民心里村干部的立场，至少是他们期待的立场，那就是村干部比起执行上级指令，更应当为村民着想。在政策要求与个人意愿不一致时，他们希望村干部“顶住压力”，站在村民一边，为他们争取回旋的余地。也就是说，在村民和上级之间，干部是亲村民而疏上级的。

村干部也有力不能及的时候，这时候就需要动员与被治理者关系要好的亲戚朋友做工作。

做工作也是特别难，你开始下通知，下通知之后，干部们包户。包户的情况，包户分谁跟谁关系不错，谁跟谁是亲戚，这么包的，有镇上配合着，这么来。毕竟是一个村，一个乡里都是。这个人做不通，就找别的亲戚跟他不错的，找他做做工作，这么找的人。都是找明白点儿懂点道理的人做工作，肯定谁也不愿意拆，谁愿意拆呀，对不？

（访谈对象：楠村村委书记，ZJM，男）

"亲信力"的"信"是信任，信任干部的"德"与"能"。"德"包括个人品质，也包括为大家谋福利，"能"则是有能力实现大家共同的目标。椆村村委书记讲述了再生资源产业园区在村里落地的经过：

开始我治理了那个（将小作坊转移到沙荒地），我就开始（找项目）。俺们这号称有3 000亩沙荒地，当书记接触人比较多呀，外边有人里面有人，我说谁能在我们这沙荒地搞个什么项目，把这改造了它。基本上年年、这五六年，年年有人在看俺们这沙荒地，说这块是个好地方，搞什么项目什么的，大企业啊什么收了。都说是块好地，但是政府不支持他弄不成，后来考察考察只管说，正好市政府下来了，市长下来了。他引进那么个大老板，来谈这个事儿，这项目才落了地，落到我们这儿了。

东边也有沙荒地，槐村那边，人家也争这个项目，他也争我也争，争到俺们这来了。咱们这样争，我就给他开个党员会开个代表会，我说咱们必须把这个项目争过来，以后，这个项目来了以后，咱们跟其他的项目不一样。我就给人们说，其他项目你像首农，这养牛，养几千几万只牛，人家这是机械化，人家用工人少。咱们这个项目也是再生资源，还让咱们这么搞塑料，就是有规模地搞了，达到环保那么搞，就跟人们这么说的。我说这个用人多，起码分拣塑料，他不是全是机械化，没有人工，他分拣不好，你认不清，对呗？他拉这一车塑料来，他分十几种，你得再看，架不住他得用人。只要咱们这人多了以后，他就是买冰棍儿、买衣服、吃饭，他都上咱们这个村里买来，那以后好处，现在咱们克服困难，以后好处多多了，就这么说呗。

（访谈对象：椆村村委书记，JKJ，男）

在争取项目的过程中，虽然也有质疑的声音，认为收村民的地价便宜，卖给企业的地价则贵，有村民怀疑干部在其中为自己谋利，但是更多的人对此持肯定态度，认为村干部为村民争取来了项目，在政府要求取缔"散乱污"企业的情况下为他们谋求了新的出路。

第三节
治理者的人物素描

本书在这里对治理者进行简单的素描，原因有三：一是环境治理者在不同阶段的状态，反映出当前环境治理的力度之大；二是通过比较“改变性治理”和“替代性治理”过程中的治理者，能够看到前者的难度和后者的必要性；三是治理者本身的状态能够反映出治理方式是否是可持续、具有长期性前景的。

一、环保局工作者

随着环境治理力度的加大，当前环保局工作人员承担的工作也越来越多，他们面临着“超负荷”的工作压力、被追责的责任压力、缺少工作保障的风险压力。以下是环保局一名工作人员的陈述：

不说别人，我就跟局长辞职辞了三次了，确实一天到晚你一点私人空间都没有，都是围绕着工作在转。我这里长了两个瘤子长了两年了，我说做手术去，到现在都没做，你也走不开。我跟局长请过假，头一天请了，第二天七点半就给我打电话。头一天局长给的话特别暖心，他说去吧，医院我给你联系联系，我给你找找专家们，我说不用，联系好了，头一天挺感动。第二天七点半电话把一天的活给布置完了，来了就又干半天，吃中午饭的时候我跟局长说我跟你请了假了，他说是啊，我忘了，过两天再说吧，这就没影了。我从来没请过年假，没办法，工作在这摆着呢。

（访谈对象：环保相关工作人员，TF，男）

除了环境治理工作本身的压力，各级督查也带来很大压力。这种压力一方面改变了地方政府对中央政府环境政策的“变相执行”，使得环境治理更加有效，另一方面也使得基层工作人员叫苦不迭。他们将环境污染案件与公安部门的案件对比，提出一套自己的说辞和困惑：

乡镇里发现小“散乱污”企业，立即采取断电措施取缔到位。省里发函要追究相关监管人责任。辖区这么大范围，偶尔一两家违法企业，排查不到，隐蔽性特别强。我要去追当地所长的责任。

公安局长派出所所长，辖区不可能保证不发生刑事案件，发生了如果破了案是功臣，破不了案，这个放多少年破了之后还是个功臣，这个能激励班子的积极性。环保有监管职责，一个所就两个人，天天24小时不停地转。省厅还有环保部把追责矛头还是对准环保相关人员。比如所长发现“散乱污”企业，即便拆了，可能还是要说所长渎职，有可能移交到检察院，移交到公检法以示大公无私。

（访谈对象：环保相关工作人员，TF，男）

环保局的一位工作人员曾到环保部挂职锻炼，比较高层和基层的工作，他说道：

在那干活就行了，下边弄不好就是责任。上面就是管理、写方案、调研，出台相关的法律法规和指导意见。下面是执行，执行不到位，企业污排污放都得追究环保部门的责任。小偷偷钱不追究公安部门责任，杀人了公安局抓起来。环保这块省里面处理了好多人了，大队长、局长、副局长。

（访谈对象：环保相关工作人员，ZX，男）

环境保护工作量加大后，许多时候需要工作人员检查。由于辖区面积较大，大多时候都需要开车前往。这是环境治理工作与其他许多工作的不同之处，但这些“特殊性”并没有得到格外的重视。

现在定州市环保局所长们，有些酝酿着负面情绪，第一下乡的时候没有补助补贴和公车，就靠自己开车下去，而且一年有六十轮常态化检查，不是常态化的检查有上百轮，他一直疲于应付，同时咱们省里不停下达任务，双随机呀、网格化监管、定位坐标点、行业排查、汇总相关数据，他要不停弄这些东西。这种情况下，还需要他主动作为。

环保工作者工作强度太大，个人时间没有保障。拆除锅炉受伤的公务员，公司无法补贴，只能由局长上门看望，解决不了实际问题；有时候启动应急预案，检查企业是否停工，是否趁着晚上偷偷生产，需要开车转，都是开自己的车，雾霾大的时候村里的路都看不清，但是还是得下去看。有一次下大雨一个公务员的车淹了，维修要花好几万，单位也拿不出，还得自己解决。这件事情影响不太好。

（访谈对象：环保相关工作人员，TF，男）

二、乡镇干部

乡镇干部相较于环保局的工作人员，与村民的距离更近一步；相较于村委的工作人员，距离更远一步。就是这一远一近，导致乡镇工作人员最直接地面临冲突。

正如前文所述，环保局的工作人员代表着“上面”的人，象征着合法性，向村民传递“这是国家政策规定，一来具有强制力做保障，二来这是大政方针而非地方政府故意为难大家”的信息；村委更多时候站在村民一边，扮演庇护者的角色进行劝导；而乡镇工作人员作为“不远不近”的人，总是最为直接地面对冲突。

我这每天六点多从家里出发，不是八点出发，确实是真忙。现在我每天就带着气割、气焊，发现违法生产了，把他的设备抱回去切割。我干的是什么买卖？绝对是硬仗，我那会儿不是说了，不是砸他饭碗的事儿，是砸人家锅的事儿。稠村人我得罪完了，想打我的有四五十人。我干这个工作，每天有跟踪我的，跟到我家，你刚才说群众有没有不接受的，有不接受的。其实在这个方面我最有发言权。给我打架，给我吵架的，给我拿刀子，动斧子的，铡刀、菜刀。那怎么办？报案！该拘他就拘他，别的没法。到家了给我打电话，下班我在这等着你呢。现在环保工作不但要不怕累、不怕苦，还要有不怕死的精神。

现在环保工作费力不讨好的，费这么大劲。我也真受不了了，从个人上来说，我也40多，上有老下有小。乡镇里没有执法权，但是你要走完程序，你要通过法院、通过环保局，环保局管着咱们全市呢，这么大面儿又管不过来。都是用直接有效的法。为什么不让公安办？公安有多少公安干警啊，涉及违法了以后才让公安办。派出所，我们这儿一共一个所长、一个指导员、一个干警，还有干警兼着户籍警，群众办户口都靠他呢，属他那忙。

（访谈对象：稠村所在乡镇宣传委员，WCQ，男）

乡镇没有环保局的专职干部，环保工作一般由分管环境的副镇长安排。随着环境治理力度的加大，许多“兼职”做环保的工作人员放下了原来的主要工作投入环境治理中来。

现在我这管着环保这块，我是宣传委员，宣传委员是接待个记者，订点报纸，领导群众做点文艺活动，这是我的分内之事，现在我都抓不了，我把所有的精力都放在了塑料上啦。（这个工作）我推不出去呀，咱们分工由党委分工，我是共产党员，在班子上我是宣传委员，咱们党委分工让你管这块，你得听呀，你就得管呀，总得有人管不。我从2013年开始接触这块，到现在情况比较熟悉了，我让别人管，人家党委书记也不让。

（访谈对象：稠村所在乡镇宣传委员，WCQ，男）

用他们的话说，“村民各自谋划各自的出路，但是环保相关的工作人员却依然坚持在‘散乱污’企业治理的岗位上”。他们勾勒出环境治理过程中治理者的肖像，这种与以往十分不同的肖像，体现出以当前为中轴，向前和向后一段时间内的环境治理状况。

现在上边一讲属地管理，上边千根线，下面一根针，都下了基层了。另外一个基层这个环保工作，也没这方面专业人才。现在是环保通报，我这就这么干，还回回面临追责的风险呢。你“散乱污”企业，如果被上面发现一家。如果环保部的来巡查，环保部每个月巡查定周两次，每次都上椆村来，要不我这工作压力有多大呀。只要发现一家“散乱污”企业取缔不到位，很可能就要追我的责。车是个人的，油烧的个人，干的公家的活。

（访谈对象：椆村所在乡镇宣传委员，WCQ，男）

三、村两委干部

村干部在“散乱污”治理中扮演的主要角色是——非制度化资源的协调者。干部一方面是管理者，另一方面也是村庄里的一员。他们需要在这两种身份中不断转换，这个转换的过程就是将制度目标与地方实际结合在一起的过程。

站在管理者的角度，他们在与村民的长期互动中掌握了更多的信息和资源，也更加了解哪些方式是“有效的”，面对一些直接处理起来显得棘手的问题，他们更知道通过哪些间接的方法能够使其迎刃而解，在治理和抵抗的博弈中，他们具有更多的谈判筹码。

而作为村庄里的一员，村干部是无法从村庄这个系统中脱离出来的。一方面，他们受到村里社会交往关系和村里舆论的影响；另一方面，他们由村民选举产生，要为村民服务，当村民成为环境治理的对象时，他需要寻找合理的方式减少村民的损失，让村民相信他站在村民的一边。

而在“散乱污”治理中，一边是要求关停手工作坊的“硬性指标”，另一边是村民需要生计来源。政策执行越是严格，干部灵活处理的弹性就越小，村干部避免不了陷入这样的困境中。

村干部谈及“散乱污”治理时，反复提到刚开始治理时的困难。一方面，当时村民没有意识到环境问题，环境治理的氛围与当下比较相差甚远；另一方面，治理方式还未从“改变性治理”转向“替代性治理”，突然之间取消村民已经经营了三四十年的作坊，相当于切断了村民的生计来源，治理的难度可想而知。

最难的时候是一开始那会儿，一开始，那会儿这里“散乱污”企业，小塑料这一块，那会儿最难。一开始市里包括镇上跟着，包括环保局，公安介入以后，强制掐电、停水、铲除机械。那能好弄？因为直接妨害他利益的。老百姓挣个钱不容易，又不是一户，他带动好几十户，这一个厂子，大点儿的，好几十个工人，不出村，就可以在这上班，有几十户人，就很多了。再一个干这个，不是特别费体力，都是女的干。

我们这拆的时候，都是镇上和市里环保局跟着。一开始也是前期做了大量的工作。企业主，干部的亲戚提前做工作，提前拆。先是通知让自己拆，然后过半个月下去检查，再不行就限几天硬拆，把原料清完，最后联合执法断电也是强制断呗。有时候就是强制执行，就是来了之后，七了八叉地把东西一抄一折，让他生产不了了，就走呗。执法队干这个事儿，村干部也在，干部先做工作，实在做不通了，就是执法队。只有村干部怎么干呀？当村里没法说。你看剩那么几户了，不同意，肯定短不了，吵，跟谁都吵。乡里来了，村里的干部肯定得出面，吵架就是撒撒火呗。

（访谈对象：椆村村委书记，JKJ，男）

椆村村委书记曾提到，在治理初期，村民们不理解，就连村里的“积极分子”做起工作也很吃力，那个时候走在村里，路边有聊天的人们，他走过去，人们就安静了，不打招呼也不说话，脸色难看。

经过几年的时间，村民们意识到大气污染治理是个大趋势，地方电视台、微信、城里的亲戚都知道环境治理的力度加大了，大型企业最先得到了治理，修路、烧烤、洗浴、医院、学校都开展了治理，“散乱污”治理当然无法搞特殊。既然是个大趋势，那么村里的干部确实也没有办法让他们按照以前的生计方式生活下去，村干部与村民的关系逐渐开始恢复。

第七章 结论与反思

无论是学界、政府还是公众，都将当前一个时期称为“环境保护最严格”的时期，认为当下环境治理的力度超过了以往历史上任何一个时期（俞海 等，2014）。在环境治理的“攻坚期”，存在许多顽疾有待解决。在早期运动式治理的背景下，环境问题往往具有反复性，治理效果也具有阶段性。散落在城郊和农村地区的“散乱污”企业是当前各个地方政府都十分关注的问题。这一方面是因为问题本身的顽固性，国家提出对散乱污“零容忍”；另一方面是因为涉及民生，引发了民众对当地治理的具体实践的讨论，例如“一刀切是否合理”等。

定州市“散乱污”企业涉及的诸多行业中，塑料行业是一个典型。自产生以来，塑料就充满了争议，在治理历史中，国家对塑料垃圾的治理掀起了几轮高潮，但直至今日，我们还能看到废旧塑料行业“散乱污”的痕迹。

对于这一现象，首先要弄清的是废旧塑料行业的“散乱污”问题是如何产生的。“散乱污”企业出现的社会背景是怎样的？为何在中国的农村地区出现？“集群式”的状况是如何形成的？长期以来，定州农村的村民与其他地区的村民一样，主要生计方式为种植和养殖。随着我国工业化和市场化的发展，周边市的村民开始从事废旧塑料回收，并带动自己的亲戚朋友，这一行业逐渐在定州农村推广，最后形成多个乡镇、整个村都从事废旧塑料加工的“集群效应”。从废旧塑料回收到进行粗加工，许多村民因此发家致富，逐渐放弃了原有的以务农为主的生计方式。

本书采用社会转型视角，通过对该视角下的文献进行回顾，介绍了经济体制转型对个体经济的鼓励，社会转型带来的城乡二元结构导致了“散乱污”从城市转向农村，行业自身易学易会的特征满足了转型期农民的就业诉求。伴随着社会日益开放，废旧塑料加工行业的污染问题逐渐被建构起来。

其次，国家、市场、社会哪些主体参与到了“散乱污”治理中？治理实践从何时开始，采用何种形式？为何会陷入“野火烧不尽”的困境？当前治理成功的案例是在什么背景下、以何种途径实现的？本书梳理了定州市开展“散乱污”治理的不同阶段、不同主体、不同方式的效果与缺陷，以及村民对环境变迁和政府环境治理的应对，指出在当前“复合型治理”背景下，塑料“散乱污”治理被纳入大气污染防治的体系中，“生计”安排是定州市“散乱污”治理中影响各阶段治理成效的重要因素。

最后，生计安排为何会影响治理成效，其背后的理论意涵是什么？在何种情况下农民生计对治理成效起到关键作用？作用机制是什么？本书指出，从实践角度看，生计是人类最重要的实践——生产实践，同时生计嵌入并形塑着个体生活的各个方面。个体扮演环境受害者和施害者双重身份的情形，往往是出于生计需要不得不破坏环境，以致使自己成为受害者。如此一来，生计便成为影响环境治理有效性的关键因素，并且在这种情况下难以实现外部成本内部化，因为个人难以独自承担环境治理的成本，而应由国家、市场、个人分担，从而实现环境公平。简言之，生计转型比断绝生计更为长效。进一步讲，在相对封闭的农村地区，要实现生计转型不仅仅需要良好的制度设计，更需要依靠农村原有的权力结构和关系网络。

综上，本书指出，在复合型治理的背景下，当环境的污染者亦是受害者时，环境治理应当注重农民生计安排对环境治理效果的影响，通过分担环境治理成本实现环境公平，依靠村庄原有权力关系结构开展治理实践。

第一节
研究发现

一、生计安排对于环境治理的影响

已有研究在解释环境治理效果时，通常采用技术的、制度的或者文化的视角，近年来许多学者呼吁完善环境治理主体，倡导多元主体共同参与环境治理，进而提升环境治理的效果。事实上，任何制度、文化、技术等方面的治理政策和实践最终都落脚到治理对象，治理对象的配合程度影响甚至决定了环境治理的效果。基于治理对象对治理实践的影响，有学者从提升环境关心水平、改变生活方式、拓宽环境参与渠道等方面进行了研究。

本研究对环境意识、生活方式、参与渠道等诸多方面的研究成果持肯定态度，并且认为这些方面对于各类群体都具有普适性的意义。本书的创新之处在于阐明了除了这些共性的影响因素之外，不同群体因为各自所处的社会环境、社会阶层以及教育背景等不同而具有各自所属群体特有的关键因素。这是在社会转型加速期和环境治理攻坚期需要进一步探讨的问题。

本研究的田野资料是关于从事废旧塑料加工行业的“散乱污”企业从业者，同时他们共同具有农民的身份，他们的劳动技能（务农和废旧塑料加工）适用范围较小、收入结构单一、收入水平不高、教育基础薄弱、就地就业机会不多、异地就业难以符合其劳动想象和照顾家庭等需要，因此环境对原有生计的影响决定了他们应对环境治理的态度和方式。而换作其他群体则未必如此，例如在造纸企业中从事管理、行政、财务等工作的群体，在行业经济受到环境治理影响的时候，他们可以转入其他行业，因为城市的就业机会多于农村，他们的劳动技能适用范围更广，有些也许还有兼职、金融、保险等方面的收益。因此原有生计来源对其影响的程度，与本书研究的群体不可同日而语。

除经济收入和维持生活的因素之外，生计对环境治理效果产生重要影响的原因还有生计对日常生活的嵌入和形塑。在社会交往方面，生计相关的资源与差序格局共同影响着个体之间的关系。掌握更多销售渠道、了解更多行业信息、能为其他村民在生意上提供资源的村民，在村里具有更强的社会关系网络，在日常生活中有更多的人愿意对其施以援手。如果取消这种生计方式，他们将失去能够与他人交换的资源，也就失去了在人际交往中的优势地位。再如在子女教育方面，原有的生计方式门槛低、收入高，因此子女教育并不重要，如果子女主动自觉地学习，家里就提供经济支持，如果子女不主动，父母也不会对此提出要求，因为他们毕业后即便找不到工作，接手家中的生意也能维持不错的生活水平。如果取消这种生计方式，那么他们获得理想工作的唯一途径就是在子女教育方面投入更多的资源和精力。

由于生计对经济收入的影响和对生活各个方面的嵌入，村民对原有的生计方式十分依赖，如果环境治理阻断了他们的生计来源，他们将通过各种正式和非正式的方式阻挠治理实践。如果村民对环境治理持反对和抵抗的态度，具有灵活性、隐蔽性、低成本特征的“散乱污”企业将难以根治，不仅如此，政府还将耗费极大的精力和治理成本。

综上所述，村民的日常生计是与环境问题交织在一起的，生计产生环境后果，环境治理又反过来对生计产生影响。二者相互影响的关系决定了环境治理不能仅从技术和制度层面关注环境质量的提升，而应对环境治理的对象进行进一步的细分研究，探索影响不同主体对待环境治理的关键因素。就本书关注的“散乱污”企业从业者而言，生计就是最为关键的影响因素。

二、环境治理的环境公平维度

环境治理的环境公平维度，主要体现在环境成本的分担上。当前大多数情况下，政策的制定和决策更为关注效果和效率，特别是效果。在中央政府对环境治理的关注程度日益上升、对环境治理的要求不断提高的背景下，地方政府不断探索提升环境治理有效性的方式，尽管有些时候忙于达到基本要求而盲目投入人力、财力和物力，环境治理方式的演变仍因循着目标实现的逻辑。

本研究表明，无论主观上是否将成本问题纳入考虑范围，不同的制度安排在客观上导致的成本分配结果是不同的，改变生计方式意味着原有生计方式下的投入无法转化为产出，而新的生计方式又需要新的投入。如果政府和市场未能有计划、有安排地介入，通过奖励、补贴、投资等方式分担治理成本，村民必须全部承担，那么他们会更倾向于通过自己的方式维持原状。治理成本的不合理分配，最终会导致环境治理失灵。

探讨废旧塑料加工行业“散乱污”治理问题的环境公平问题，还需要注意此处研究对象的特殊之处。其特殊性在于他们习以惯之的生计方式对环境产生的不良后果十分明显，污染程度非常严重，他们以破坏生态环境为代价谋求自身的生存和发展，将负面的环境影响外部化；但是，他们是“在地”的，并非将作坊或者企业外包给当地人而自己迁移到环境良好的地域，他们自身就生活在自己产生的污染当中，因此承担着诸如呼吸道疾病等诸多威胁到身体健康、子女孕育等各个方面的环境风险；与此同时，他们是低收入者，所拥有的就业机会并不多，就业机会的质量也并不高，而且大部分机会对于家庭照料是不利的。也就是说，他们既是自然环境的污染者，又是环境污染的受害者。

这一复杂的情景是源于美国环境运动的公平理论没有讨论的。在种族、性别、民族等问题上，受益者和受害者、强势群体和弱势群体一目了然，但对于废旧塑料加工“散乱污”企业的从业者而言，则变得具有争议。前面提到在公众舆论、媒体报道甚至是官方发言中，“散乱污”企业都被视为破坏公共环境换取私人利益，他们利用环境的外部性特征，过度消耗了环境资源却没有承担相应的责任，享受着他人直接或者间接保护环境的成果却没有付出相应的代价，因此，对其取缔是补偏救弊之举，无可非议。

但是应当认识到，环境公平是以社会公平为基础的，在城乡二元结构遗留的问题没有被完全解决的情况下，生活在农村的群体总体上仍然在获得就业机会、教育资源、增加收入等方面处于弱势地位，对弱势群体的扶助又是国家和社会的应有之义。因此，对于依靠“散乱污”企业谋求生存的群体而言，并不能简单地堵住环境污染的根源，而要通过疏导的方式减少其损失和压力，寻找维持其生计的替代性方案。

综上所述，环境治理具有环境公平的意义，从公平视角出发，应当合理分配环境治理成本，在提升治理效果、治理效率的同时，兼顾治理过程中的环境公平问题。

三、促进生计转型的有效机制

上面提到，村民对原有生计方式的依赖使得生计转型十分艰难，因为通过加工废旧塑料获得收入的生计方式符合乡村的生活观念。村里的妇女要承担家庭照料的责任，因此很少离开村庄，在村里通过给塑料加工企业打工，或者以小作坊的形式加工废旧塑料，可以同时满足家庭照料和家庭增收。这种生计方式不仅能够维持眼前的生活，而且还能帮扶子女，为他们成家、盖房、买车，这是华北农村的农民们所肩负的责任。从经济的角度考量，这种生计方式比传统的种植收入更高，从劳动的角度看，废旧塑料加工与传统的收入方式具有一定的相似性，它与城市打工的“朝九晚五”不同，可以根据自己的意愿安排自己的劳动时间，符合村民对劳动的想象，因此废旧塑料加工能够得到村民青睐。

从村民开始从事这一工作至今，已经过去了三四十年，在华北农村，人们成家的年龄普遍比城市早，三四十年可以实现两代甚至三代人的延续，因此废旧塑料加工已经渗透到村民生活的各个方面，包括经济收入、技能习得、社会交往、教育经历甚至婚姻家庭。特别是，村庄里大部分的人都以此为生并从中盈利，无论是从众还是路径依赖，都使得村民愿意维持这种生计方式，因为别人也在做。所以对村民而言，环境污染不是自己一个人能够解决的问题，也不是个人应该思考的问题。

一边是从业村民置身恶劣的环境，不顾健康“不要命”，一边是基层的环境治理者（包括环保局的工作人员和村镇的工作人员）“拼了命”。他们要适应环境治理日益严格的变化，这意味着工作量的变化，也要与他们要治理的对象“斗智斗勇”，还要应对上级频繁的督查。从开始治理废旧塑料加工行业到现在为止，这两种力量一直绞结在一起，最终哪种力量会胜利？废旧塑料加工行业规范化的必然要求该如何实现？生计转型依靠何种力量、通过何种方式实现？

定州市的治理实践给出的答案是：将外部制度变为村民的内在行为，提升村民的内生动力，实现从外生治理到内生治理，从他律到自律。实现这一转变需要多种力量形成“复合型治理”，包括国家政策代表的合法性、国家暴力机器代表的强制力以及劝说者代表的亲和力。

一般来说，环保局负责政策的传达，供电站配合公安局强制执行，村干部扮演劝说角色。具体而言，使治理行为最终有效的因素有权威与合法性、人情与信任、现实利益。对于村民而言，他们其实已经意识到以污染环境为代价发展经济并非长久之计，但是基于上述经济的、文化的、惯习的考量，仍旧无法摆脱路径依赖，还是坚持从事废旧塑料加工。而环境治理，具体来说是治理过程中各种力量的合力，给予了村民改变现状的足够动力。因此，与其说废旧塑料行业的“散乱污”治理是砸了村民的饭碗，不如说是给予了他们实现生计转型的足够动力。

第二节
政策建议

一、从改变性治理到替代性治理

改变性治理是指我国当前的环境治理具有极强的“问题意识”，为了解决这些问题，需要做出诸多改变，改变制度安排、改变治理方式、改变环境行为等。这与当前的环境污染形势密切相关。一方面，人们的环境意识不够，当然以雾霾问题为契机，这已经得到了极大的改善，但是与人们所处的环境状况、不同群体之间的意识差距、正在造成的环境污染相比，当前的环境关心水平又是远远不够的，因此要改变人们看待环境的方式。这就涉及另一方面——环境行为。尽管人们对当前的环境状况不满，但是就个人环境行为而言，仍然在生产生活中不断产生污染，生活垃圾、交通产生的排放依然没有得到有效遏制，因此要改变人们的生活方式，改变人们对待环境的态度。

学界对当前存在的“环境问题”进行了深度的挖掘和剖析，这反映了环境治理的“改变性”倾向，无论是意识层面还是行为层面都需要加入或强化环境维度，改变现有的忽视环境因素和不符合环境保护要求的部分。那么下一步便是如何改变、如何解决目前发现的这些问题，也就是如何开展环境治理。总而言之，发现问题是第一步，意味着需要开展环境治理；第二步则是开展环境治理，这时候“替代性”倾向就变得更加重要。替代是改变的一种，但二者的区别在于，“改变”强调最终结果，具有明显的管制性特征，“替代”则提出了实现改变的具体路径。从“改变性治理”转向“替代性治理”，意味着不能仅仅从行政逻辑出发，用“一刀切”的方式斩断污染的根源，而应充分考虑生活逻辑，重新评估治理行为的可能性后果。这一过程亦是国家治理能力不断提升的过程。

本书以定州市废旧塑料加工行业的“散乱污”治理为例，说明了在环境治理过程中“替代性治理”的重要性。从“野火烧不尽”的“散乱污”治理历史阶段，到当前进入再生资源产业园区的整体性改变，“关停并转”治标不治本，从根本上解决问题的关键在于生计转型，新的生计方式替代了原有的生计方式，从而使治理得以有效。事实证明，环境治理不能仅仅依靠行政力量通过强制力来推行,“改变性治理”从长远来看难以为继,只有采用“替代性治理”,才能将外部制度转变为村民的内生动力。这是从他律转向自律的可行性途径。

二、注重探索复合型治理的实现路径

洪大用指出,中国正在迈向复合型治理的新时代,这种治理转型主要体现在七个方面,其中一个方面是政策关联性方面有从实际分割走向高度整合的趋势,改变了以前环保部门自说自话的状态,强化了各部门政策的协调和统筹(洪大用,2016)。在此基础上,本研究深化了复合型治理理论,一方面对政策关联性从分割走向整合进行了阶段性划分,另一方面提出了对于“受害者兼施害者”这一类型的主体参与环境治理的可能性路径。

正如社会发展具有不同阶段,环境复合型治理的推进也具有不同阶段,随着阶段的发展,层次也在逐步深化。

复合型治理的第一个层次是政府内部的复合型治理。“政府主导”是中国环境治理的特色,在政府组织体系中,环境保护职能由环保部门承担。在中国刮起“环保风暴”之前,无论是政府内部还是公众,普遍认为环境保护仅是环保部门的职责,尽管在垃圾清运、企业审批等诸多方面,其他部门的管理更为方便和有效。在国家开始强力推动环境治理之后,环保部门独木难支的问题就逐渐突显,于是出现了“齐抓共管”的局面,环保系统以外的政府部门的参与形成了复合型治理的第一个层次,即政府内部不同部门的复合。

复合型治理的第二个层次是多种推力参与的复合。这种复合在农村地区更为普遍,因为具有“后乡土性”特征的农村地区,人们更容易接受亲和力、威信、情感。在废旧塑料加工行业,促使环境治理得以有效的重要因素包括国家政策代表的合法性、国家暴力机器代表的强制力以及劝说者代表的亲和力。一般来说,环保局负责政策的传达,供电站配合公安局强制执行,村干部扮演劝说角色。多种推力的参与形成了复合型治理的第二个层次。

复合型治理的第三个层次是洪大用所讲的多治理主体参与的复合型治理。正如洪大用所讲,中国的环境治理从初始就有精英主导的趋势,随着环境问题的恶化和公众环境关心水平的提升,关注环境问题参与环境治理的社会力量逐步壮大,而深层的复合型治理不仅仅包括精英的参与,还应当不断扩大,包括环境组织也包括每一个仍在产生污染的人。中国公众的参与能够弥补当前环境治理主体不完整这一内在的、结构性的缺陷,进而改进环境治理效果。

第三节
创新与不足

对本研究创新与不足的反思，是建立在环境社会学领域有关环境治理何以有效的研究成果之上的。这一主题的研究大体可以分为技术论、制度论、文化论和主体论，其中主体论的相关研究日益增加，越来越多的学者呼吁公众参与到环境治理中来，形成公众、市场、国家共同参与的复合型治理模式以弥补市场和政府在某种程度上出现的“失灵”问题。

那么政府、市场、公众的环境行为逻辑如何？已有研究发现不同主体具有不同的行为逻辑：政府遵循行政逻辑，讲究指令控制，在科层组织运作下层层分工，将任务逐级分解；企业遵循市场逻辑，讲究资本增值，需要良好的市场环境和完善的市场体系，以便获取利润；居民遵循“过日子”的生活逻辑，遵从习惯，讲究规避风险，要求消费内容经济、便捷、安全、适用（洪大用 等，2017）。不仅如此，包括公众在内的各个主体内部也具有差异性，不同个体的环境行为及其核心影响因素也有所不同。

因此，本书提出从主体视角研究环境治理不能仅仅停留在倡导和分析其合理性层面，而应进一步对主体进行细分并深入分析其行为逻辑。社会学用以对群体分类的一般标准包括性别、年龄、教育背景、职业、收入等。为突出个体在环境问题中的差异，本书根据个体与环境污染的关系将其分为大量制造污染损害环境的“施害者”和因他人制造污染而受到影响的“受害者”。具体而言，案例中从事废旧塑料加工的村民，具有“既是自然环境的施害者，又是环境污染的受害者”的双重身份。对复合型治理的主体进行细分并聚焦“施害者兼受害者”，分析其参与环境治理的现实路径，这是本书的第一个创新点。

在案例中，环境治理经历了从村民自发治理到依靠政府治理再到多元主体协同治理的过程，不同治理模式下从业者具有不同的应对模式。村民自发治理得到了村民的响应，在一定程度上解决了村容村貌的问题，但没有从根本上解决污染问题；依靠政府治理阶段，村民采用各种非正式的方式消解了环境治理的效果；最后政府补贴并引入市场资本建立再生资源产业园区，不仅改善了环境状况，而且成功吸纳村民加入环境治理。这一过程的关键在于生计安排，这也是本书的第二个创新点——分析了生计对于环境治理有效性的重要作用。

此外，生计转型需要政府、企业、公众共同承担环境治理成本，治理成本的分配具有深刻的环境公正的意涵。环境公正问题最早是被置于西方环境运动的具体实践中讨论不同种族、阶层之间的权力关系，后来学界逐渐从理论角度提炼出代内环境公平和代际环境公平。但是在具体情境下，对环境公平的分析变得十分复杂。正如本研究中的"散乱污"企业从业者，一种观点认为他们以破坏环境为代价谋取经济收益，使得环境成本外部化，另一种观点则认为他们是为了谋求生存不得已而为之，并且其自身承担了最大的环境风险。在这种情况下，环境公平理论是否具有解释力呢？笔者的回答是肯定的。在这种情况下，应当将环境公平问题与整个社会的公平问题相结合，这是本书的第三个创新点。

综上所述，本书的创新之处有三：一是进一步细分、深化了环境治理主体论的研究，为当前热议的复合型治理提供了一种实现路径；二是阐释了环境问题与日常生计的相互交织，进而得出生计安排是影响环境治理有效性的重要因素的结论；三是拓展了环境公正这一经典社会学问题的讨论范畴，从西方传统意义上的弱势群体扩展到"施害者兼受害者"的复杂情形。

当然，本书在研究资料、案例完整性、理论分析深度方面仍存在不足。

在研究资料方面，由于研究主题的敏感性和研究对象的灵活性，一些重要信息无法获得准确的数据，例如村庄"散乱污"企业的总数，一方面涉及与上报台账的一致性和任务完成进度，当地工作人员对此比较谨慎；另一方面，"散乱污"企业具有隐蔽性和灵活性，数量处于动态变化之中，笔者仅能通过已有资料、田野观察和粗略的统计给出接近事实的结论。

在案例完整性方面，实践本身是多维度的，但是为了使研究主线清晰，笔者忽略了案例的某些方面。例如环保局在开展环境治理时的有效性，不仅与村民的直接互动有关，而且受到上级部门、平级部门和基层单位的影响。这些属于制度论视角，与本研究的主体论属于不同范畴，因此没有得以完整地呈现。

在理论深度方面，本书还有许多理论增长点有待挖掘。例如运动式治理时期农民的应对行为与农民学研究关系密切，村庄的社会关系网络又涉及乡村治理研究等。这些问题限于研究者的学养和时间节点要求止步于此，有待更加深入地分析。

参考文献

一、中文文献

艾尔·巴比，2018，《社会研究方法(第十一版)》，邱泽奇译，北京：华夏出版社。

包智明、陈占江，2011，《中国经验的环境之维：向度及其限度——对中国环境社会学研究的回顾与反思》，《社会学研究》第6期。

波兰尼，2007，《大转型：我们时代的政治与经济起源》，冯钢、刘阳译，杭州：浙江人民出版社。

卜诗洁、马金海、卓玛措等，2021，《生计恢复力研究进展与启示》，《地理与地理信息科学》第1期。

曹龙虎，2014，《国家治理中的"路径依赖"与"范式转换"：运动式治理再认识》，《学海》第3期。

曹正汉，2011，《中国上下分治的治理体制及其稳定机制》，《社会学研究》第1期。

柴玲、包智明，2014，《中国环境社会学(第1辑)》，北京：中国社会科学出版社。

陈阿江，2008，《文本规范与实践规范的分离——太湖流域工业污染的一个解释框架》，《学海》第4期。

陈阿江，2019，《环境污染如何转化为社会问题》，《探索与争鸣》第8期。

陈崇山，2003，《治理理论给受众参与的启示》，《马克思主义与现实》第4期。

陈辉，2015，《过日子：农民的生活伦理——关中黄炎村日常生活叙事》，北京：社会科学文献出版社。

陈涛，2018，《压力传导及其非预期性后果——以霾污染治理为中心的讨论》，《中国地质大学学报(社会科学版)》第1期。

陈文瑛，1996，《塑料废弃物回收利用问题的思考》，《塑料》第2期。

陈兴荣、王来峰、余瑞祥，2012，《基于政府环境政策的企业主动环境行为研究》，《软科学》第11期。

陈宗仕、刘志军，2017，《环境保护制度建设与民营企业环保投入研究》，《广西民族大学学报(哲学社会科学版)》第6期。

陈宗仕、郑路，2015，《制度环境与民营企业绩效——种群生态学和制度学派结合视角》，《社会学研究》第4期。

程博、许宇鹏、李小亮，2018，《公共压力、企业国际化与企业环境治理》，《统计研究》第9期。

程先同、周洪、刘秀华等，2021，《山区农户兼业程度对耕地撂荒的影响研究——以武陵山区为例》，《长江流域资源与环境》第1期。

崔凤、陈涛，2014，《中国环境社会学(第二辑》，北京：社会科学文献出版社。

崔凤、唐国建，2010，《环境社会学》，北京：北京师范大学出版社。

邓峰，2008，《基于不完全执行污染排放管制的企业与政府博弈分析》，《预测》第1期。

狄金华，2010，《通过运动进行治理：乡镇基层政权的治理策略——对中国中部地区麦乡"植树造林"中心工作的个案研究》，《社会》第3期。

狄金华，2011，《被困的治理》，武汉：华中科技大学出版社。

狄金华，2019，《“权力-利益”与行动伦理：基层政府政策动员的多重逻辑——基于农地确权政策执行的案例分析》，《社会学研究》第 4 期。
蒂姆·佛西、谢蕾，2004，《合作型环境治理：一种新模式》，《国家行政学院学报》第 3 期。
丁煌，1997，《传统的“人情面子”观念及其对当前政策执行的影响》，《行政与法》第 3 期。
董海军、郭岩升，2017，《中国社会变迁背景下的环境治理流变》，《学习与探索》第 7 期。
杜辉，2013，《论制度逻辑框架下环境治理模式之转换》，《法商研究》第 1 期。
杜连雄、张剑，2020，《主动环境行为与技术创新对企业绩效的影响》，《华东经济管理》第 1 期。
杜赞奇，2010，《文化、权力与国家：1900—1942 年的华北农村》，王福明译，南京：江苏人民出版社。
范杵兰，2006，《中国塑料回收利用产业发展特点与政策环境》，《国外塑料》第 11 期。
范丽娜，2018，《环境治理中草根动员的可能性》，《长白学刊》第 2 期。
费孝通，1994，《乡土重建与乡镇发展》，香港：牛津大学出版社香港分社。
冯亮、王海侠，2015，《农村环境治理演绎的当下诉求：透视京郊一个村》，《改革》第 7 期。
冯梦黎、胡雯，2021，《不同贫困程度农民生计能力对收入结构的影响》，《统计与决策》第 3 期。
冯仕政，2011，《中国国家运动的形成与变异：基于政体的整体性解释》，《开放时代》第 1 期。
《改革开放中的中国环境保护事业 30 年》编委会，2010，《改革开放中的中国环境保护事业 30 年》，北京：中国环境科学出版社。
龚文娟，2009，《环境问题呈现的社会过程与机制——基于城市垃圾污染问题的个案研究》，北京：中国人民大学博士学位论文。
龚文娟，2013，《社会经济地位差异与风险暴露——基于环境公正的视角》，《社会学评论》第 4 期。
缑倩雯、蔡宁、信瑶瑶，2019，《企业环境行为脱耦的成因研究——基于制度逻辑视角》，《浙江社会科学》第 2 期。
关成、姜子波、何松元等，2009，《中国塑料回收行业现状分析及发展前景》，《塑料》第 3 期。
管亚梅、陆静娇，2019，《利益相关者压力、企业环境伦理与绿色创新绩效的关系研究》，《江苏社会科学》第 3 期。
郭施宏、陆健，2021，《环保组织公共诉求表达的市场路径及其成因——一个组织学习的视角》，《中国行政管理》第 2 期。
郭廷忠、周艳梅、王琳，2009，《环境管理学》，北京：科学出版社。
海杰，2013，《河流叙事、主题影像以及空间实验》，《中国三峡（人文版）》第 4 期。
何劭玥，2017，《国有企业绿色转型影响因素研究——以中国石化 A 企业为个案》，《广西民族大学学报（哲学社会科学版）》第 6 期。
何雪松、侯秋宇，2021，《人民城市的价值关怀与治理的限度》，《南京社会科学》第 1 期。
洪大用，1999，《当代中国环境问题的八大社会特征》，《教学与研究》第 8 期。

洪大用,2001a,《环境公平:环境问题的社会学视点》,《浙江学刊》第 4 期。
洪大用,2001b,《社会变迁与环境问题:当代中国环境问题的社会学阐释》,北京:首都师范大学出版社。
洪大用,2005,《中国城市居民的环境意识》,《江苏社会科学》第 1 期。
洪大用,2008,《试论改进中国环境治理的新方向》,《湖南社会科学》第 3 期。
洪大用,2014,《环境社会学的研究与反思》,《思想战线》第 4 期。
洪大用,2016,《复合型环境治理的中国道路》,《中共中央党校学报》第 3 期。
洪大用,2017,《企业行为与绿色发展》,《广西民族大学学报(哲学社会科学版)》第 6 期。
洪大用、范叶超,2016,《公众环境知识测量:一个本土量表的提出与检验》,《中国人民大学学报》第 4 期。
洪大用、范叶超、邓霞秋等,2015,《中国公众环境关心的年龄差异分析》,《青年研究》第 1 期。
洪大用、龚文娟,2008,《环境公正研究的理论与方法述评》,《中国人民大学学报》第 6 期。
洪大用、李阳,2017,《推进绿色生活方式培育的科学化——基于某地农村洁净型生活用煤推广实践的社会学分析》,《广东社会科学》第 1 期。
洪大用、肖晨阳,2007,《环境关心的性别差异分析》,《社会学研究》第 2 期。
侯爱敏,2016,《权力·空间视野下的生态环境建设与管理》,南京:东南大学出版社。
侯红串、雷凤贞、马占峰,2006,《中国再生塑料回收利用行业状况及发展预测(续二)》,《再生资源研究》第 6 期。
胡珺、宋献中、王红建,2017,《非正式制度、家乡认同与企业环境治理》,《管理世界》第 3 期。
环境保护部,2008,《开创中国特色环境保护事业的探索与实践——记中国环境保护事业 30 年》,《环境保护》第 15 期。
黄中伟、王宇露,2007,《关于经济行为的社会嵌入理论研究述评》,《外国经济与管理》第 12 期。
黄宗智,1986,《华北的小农经济与社会变迁》,北京:中华书局。
J. P. 埃文斯,2020,《环境治理》,石超艺译,上海:华东理工大学出版社。
纪金雄、洪小燕、雷国铨,2021,《多源扰动、生计资本与茶农生计转型研究》,《林业经济问题》第 3 期。
金基瑶,杜建国,2017,《企业环境创新行为研究述评——基于理论的演进脉络》,《商业经济研究》第 11 期。
孔飞力,1990,《中华帝国晚期的叛乱及其敌人(1796—1864 年的军事化与社会结构)》,北京:中国社会科学出版社。
邝佛缘、陈美球,2021,《风险预期、生计资本对农户宅基地退出意愿的影响及其代际差异——基于江西省 456 份农户调查数据》,《农林经济管理学报》第 1 期。
赖玉珮、李文军,2012,《草场流转对干旱半干旱地区草原生态和牧民生计影响研究——以呼伦贝尔市新巴尔虎右旗 M 嘎查为例》,《资源科学》第 6 期。

郎友兴，2008，《中国应告别“运动式治理”》，《同舟共进》第1期。
李斌、李小云、左停，2004，《农村发展中的生计途径研究与实践》，《农业技术经济》第4期。
李朝芳，2015，《企业环境行为的价值实现机理研究——基于制度环境的过程分析》，《技术经济与管理研究》第2期。
李慧、温素彬、焦然，2021，《企业环境行为：言而行，行有报吗？——企业环境文化对财务绩效的影响研究》，《管理评论》第1期。
李金铮，2014，《传统与变迁》，北京：人民出版社。
李亮、宋璐，2013，《性别、性别意识与环境关心——基于大学生环境意识调查的分析》，《妇女研究论丛》第1期。
李瑞昌，2008，《理顺我国环境治理网络的府际关系》，《广东行政学院学报》第6期。
李世东，2006，《指导环保事业发展的纲领性文件——国家环保总局局长周生贤答记者问》，《环境教育》第3期。
李坦、陈敏、王欣，2020，《生计资本、环境风险感知对农户厨余垃圾治理支付意愿的影响》，《农林经济管理学报》第5期。
李卫兵、陈妹，2017，《收入对居民环境意识的影响：绝对水平和相对地位》，《当代财经》第1期。
李文龙、匡文慧、吕君等，2021，《北方农牧交错区人地系统演化特征与影响机理——以内蒙古达茂旗为例》，《地理学报》第2期。
李文钊，2015，《环境管理体制演进轨迹及其新型设计》，《改革》第4期。
李永峰、陈红、徐春霞，2012，《环境管理学》，北京：中国林业出版社。
李友梅，2008，《从财富分配到风险分配：中国社会结构重组的一种新路径》，《社会》第6期。
李志平、吴凡夫，2020，《继续增加财政转移性支出可以提高脱贫质量吗——基于生计抗逆力和CFPS数据的实证》，《农业经济问题》第11期。
劳伦斯·纽曼，2007，《社会研究方法——定性和定量的取向(第五版)》，郝大海译，北京：中国人民大学出版社。
练宏，2016，《弱排名激励的社会学分析——以环保部门为例》，《中国社会科学》第1期。
梁义成、李树茁，2014，《中国农村可持续生计和发展研究：基于微观经济学的视角》，北京：社会科学文献出版社。
凌鹏，2007，《近代华北农村经济商品化与地权分散——以河北保定清苑农村为例》，《社会学研究》第5期。
刘春平，2019，《排污许可制度下工业企业环境管理的思考》，《环境保护》第9期。
刘凌，2017，《农村小微企业环境友好行为衍生机制研究——以河北定州铁网企业为例》，《社会建设》第6期。
刘能，2016，《村庄生计研究：历史脉络和当代情境》，《江苏行政学院学报》第1期。
刘天齐，1996，《环境保护通论》，北京：中国环境科学出版社。

刘天齐,2003,《环境保护》,北京:化学工业出版社。

刘同山,2016,《经济发展、环境污染与居民健康——基于媒体分析法的“癌症村”研究》,《生态经济》第7期。

刘伟,2018,《论乡村环境协同治理的行动者网络及其优化策略》,《学海》第2期。

刘英俊,2001,《对塑料“白色污染”的认识及治理对策》,《现代塑料加工应用》第3期。

刘悦、周默涵,2018,《环境规制是否会妨碍企业竞争力:基于异质性企业的理论分析》,《世界经济》第4期。

刘祖云,2006,《发展社会学》,北京:高等教育出版社。

龙文滨、李四海、丁绒,2018,《环境政策与中小企业环境表现:行政强制抑或经济激励》,《南开经济研究》第3期。

龙文滨、李四海、宋献中,2015,《环保规制与中小企业环境表现——基于我国中小板与创业板上市公司的经验研究》,《公共行政评论》第6期。

卢洪友,2014,《外国环境公共治理:理论、制度与模式》,北京:中国社会科学出版社。

陆益龙,2016,《后乡土性:理解乡村社会变迁的一个理论框架》,《人文杂志》第11期。

吕永龙、贺桂珍,2009,《现代环境管理学》,北京:中国人民大学出版社。

罗小芳、卢现祥,2011,《环境治理中的三大制度经济学学派:理论与实践》,《国外社会科学》第6期。

麻宝斌、杜平,2018,《经济社会地位、户籍类型与区域发展差距:民众环境公平认知的影响因素》,《社会科学研究》第1期。

马晓琴、杨德亮,2006,《地方性知识与区域生态环境保护——以青海藏区习惯法为例》,《青海社会科学》第2期。

毛振福、余伟萍、李雨轩,2019,《企业环保主张对消费者绿色购买意愿的影响机制研究》,《商业经济与管理》第9期。

孟庆峰、李真、盛昭瀚等,2010,《企业环境行为影响因素研究现状及发展趋势》,《中国人口·资源与环境》第9期。

米玲,2017,《宋代以来定州经济发展研究》,北京:人民出版社。

Pieter van Beukering、李永江、赵玉敏等,1998,《变废为宝的挑战——中国塑料的再生利用与国际贸易》,《国际贸易》第3期。

潘爱玲、刘昕、邱金龙等,2019,《媒体压力下的绿色并购能否促使重污染企业实现实质性转型》,《中国工业经济》第2期。

潘楚林、田虹、2016,《利益相关者压力、企业环境伦理与前瞻型环境战略》,《管理科学》第3期。

齐振宏、刘玉孝、何坪华,2020,《农户生计分化、结构嵌入与生态耕种采纳度——基于鄂、皖、湘968个农户的调查分析》,《农林经济管理学报》第6期。

乔卫兵,2002,《全球治理及其制度化》,《欧洲研究》第6期。

仇立平，2010，《社会研究和问题意识》，《江苏行政学院学报》第 1 期。

邱泽奇，1999，《乡镇企业改制与地方威权主义的终结》，《社会学研究》第 3 期。

邱泽奇，2020，《乡村振兴与城乡关系再探索：人口生计何以可转换？》，《社会发展研究》第 4 期。

曲格平，1993，《走有中国特色的环境保护道路》，《上海环境科学》第 1 期。

曲国华、刘雪、李月娇等，2020，《政府监管与企业加入第三方国际环境审计的模糊博弈分析》，《中国管理科学》第 1 期。

瞿海源，2013，《社会及行为科学研究法：质性研究法》，北京：社会科学文献出版社。

渠敬东、周飞舟、应星，2009，《从总体支配到技术治理——基于中国 30 年改革经验的社会学分析》，《中国社会科学》第 6 期。

冉冉，2015，《中国地方环境政治：政策与执行之间的距离》，北京：中央编译出版社。

任广乾、周雪娅、李昕怡等，2021，《产权性质、公司治理与企业环境行为》，《北京理工大学学报（社会科学版）》第 2 期。

苏海，2021.《制度嵌入生活：农村贫困女性减贫的本土实践及反思——源于“扶贫车间”的案例考察》，《云南民族大学学报（哲学社会科学版）》第 1 期。

孙晗霖、刘芮伶，2020，《贫困地区精准脱贫户生计多样化的影响因素分析——基于 2660 个脱贫家庭的实证研究》，《农村经济》第 10 期。

孙明扬，2021，《逃离农业：农民土地流转观念的形成机制》，《求实》第 1 期。

沈灏、魏泽龙、苏中锋，2010，《绿色管理研究前沿探析与未来展望》，《外国经济与管理》第 11 期。

沈洪涛、黄楠，2018，《政府、企业与公众：环境共治的经济学分析与机制构建研究》，《暨南学报（哲学社会科学版）》第 1 期。

沈洪涛、马正彪，2014，《地区经济发展压力、企业环境表现与债务融资》，《金融研究》第 2 期。

时立荣、常亮、闫昊，2016，《对环境行为的阶层差异分析——基于 2010 年中国综合社会调查的实证分析》，《上海行政学院学报》第 6 期。

石志方、刘健、陆平中等，1993，《废塑料污染的综合治理》，《环境污染与防治》第 2 期。

宋延均，1991，《废旧塑料的再生利用》，《中国流通经济》第 Z1 期。

宋言奇、申珍珍，2017，《我国传统农村社区环境治理机制分析》，《学术探索》第 12 期。

谭斌、王丛霞，2017，《多元共治的环境治理体系探析》，《宁夏社会科学》第 6 期。

唐皇凤，2007，《常态社会与运动式治理——中国社会治安治理中的“严打”政策研究》，《开放时代》第 3 期。

陶建钟，2014，《复合治理下的国家主导与社会自主——社会管理及其制度创新》，《浙江学刊》第 1 期。

陶岚、郭锐，2013，《企业环境管理行为的驱动因素分析——基于制度合法性理论》，《理论月刊》第 12 期。

W. 理查德·斯科特，2010，《制度与组织——思想观念与物质利益》，姚伟、王黎芳译，北京：中国人民大学出版社。
W. 理查德·斯科特、杰拉尔德·F. 戴维斯，2011，《组织理论：理性、自然与开放系统的视角》，高俊山译，北京：中国人民大学出版社。
王爱兰，2008，《论政府环境规制与企业竞争力的提升——基于"波特假设"理论验证的影响因素分析》，《天津大学学报（社会科学版）》第5期。
王成超、杨玉盛，2011，《基于农户生计演化的山地生态恢复研究综述》，《自然资源学报》第2期。
王春城、柏维春，2014，《政策经纪人在政策变迁中的作用与机理》，《行政论坛》第2期。
王丹、黄季焜，2018，《草原生态保护补助奖励政策对牧户非农就业生计的影响》，《资源科学》第7期。
王芳，2016，《合作与制衡：环境风险的复合型治理初论》，《学习与实践》第5期。
王树义、蔡文灿，2016，《论我国环境治理的权力结构》，《法制与社会发展》第3期。
王天夫、罗婧，2017，《基层多元共治的路径选择：动员、补位，还是重构？——以巫溪、肃宁、彭州为例》，《河北学刊》第2期。
王晓强、陈毅文、陈婕，2018，《自主环境保护意识研究——以企业组织支持因素的实际感受对亲环境行为影响为例》，《科学与社会》第4期。
王晓毅，2000，《村庄结构与村庄内部的紧张》，《中国农村观察》第2期。
王晓毅，2016，《市场化、干旱与草原保护政策对牧民生计的影响——2000—2010年内蒙古牧区的经验分析》，《中国农村观察》第1期。
汪雁，2012，《社会转型加速期华北农户经济行为研究》，北京：知识产权出版社。
王扬祖，2008，《环保机构30年变迁》，《环境保护》第21期。
王印红、李萌竹，2017，《地方政府生态环境治理注意力研究——基于30个省市政府工作报告（2006—2015）文本分析》，《中国人口·资源与环境》第2期。
王宇露、江华，2012，《企业环境行为研究理论脉络与演进逻辑探析》，《外国经济与管理》第8期。
王哲，2020，《高收入者更关心环境吗？——基于调查数据的经验研究》，《兰州学刊》第10期。
威廉·乌斯怀特、拉里·雷，2011，《大转型的社会理论》，吕鹏等译，北京：北京大学出版社。
温华璋、邱桂学，1990，《废旧塑料回收利用的经济价值》，《化工进展》第4期。
文军、王谦，2017，《从发展社会学到转型社会学：发展研究学科范式的新探索》，《江海学刊》第1期。
武从斌，2003，《减少部门条块分割，形成协助制度——试论我国环境管理体制的改善》，《行政与法》第4期。
吴嘉莘、杨红娟，2020，《中国城乡居民生计资本的时空演变及耦合协调度研究》，《经济问题探索》第11期。
吴孔森、杨晴青、叶文丽等，2021，《黄土高原农户生计恢复力及其生计建设路径——以陕北佳县为例》，《干旱区资源与环境》第4期。

西奥多·W.舒尔茨,1999,《改造传统农业》,梁小民译,北京:商务印书馆。
肖宝玉、朱宇、林李月,2020,《基于融入-隔离双向对比的流动人口主观社会融合及其影响因素研究——以福厦泉城市群为例》,《地理研究》第12期。
谢中起、缴爱超,2013,《以社区为基础的农村环境治理模式析要》,《生态经济》第7期。
熊春文,2020,《疫情应对中农户生计与粮食安全》,《江西社会科学》第11期。
徐家林,2011,《社会转型论:兼论中国近现代社会转型》,上海:上海人民出版社。
徐曼、何璇、何佳等,2013,《基于生态文明的最严格环保制度的框架体系研究》,《环境科学与管理》第10期。
徐顺青、逯元堂、陈鹏等,2018,《环境保护财政支出现状及发展趋势研究》,《生态经济》第2期。
徐松鹤,2018,《公众参与下地方政府与企业环境行为的演化博弈分析》,《系统科学学报》第4期。
徐勇、黄辉祥,2002,《目标责任制:行政主控型的乡村治理及绩效——以河南L乡为个案》,《学海》第1期。
荀丽丽、包智明,2007,《政府动员型环境政策及其地方实践——关于内蒙古S旗生态移民的社会学分析》,《中国社会科学》第5期。
郇庆治,2010,《环境政治学研究在中国:回顾与展望》,《鄱阳湖学刊》第2期。
杨华锋,2013,《后工业社会的环境协同治理》,长春:吉林大学出版社。
杨丽丽、黄宁,2014,《农民专业合作社在农村环境治理中的作用探究》,《中国农业资源与区划》第5期。
杨林霞,2014,《近十年来国内运动式治理研究述评》,《理论导刊》第5期。
杨贤智、李景锟、廖延梅,1990,《环境管理学》,北京:高等教育出版社。
杨学儒、李浩铭,2019,《乡村旅游企业社区参与和环境行为——粤皖两省家庭农家乐创业者的实证研究》,《南开管理评论》第1期。
叶敏,2013,《从政治运动到运动式治理——改革前后的动员政治及其理论解读》,《华中科技大学学报(社会科学版)》第2期。
叶文虎,2000,《环境管理学》,北京:高等教育出版社。
叶文虎、张勇,2013,《环境管理学(第三版)》,北京:高等教育出版社。
殷进、李光明、徐敏,2006,《我国废弃塑料回收再利用的现状及对策》,《江苏环境科技》第z2期。
俞海、张永亮、夏光等,2014,《最严格环境保护制度:内涵、框架与改革思路》,《中国人口·资源与环境》第10期。
郁建兴、秦上人,2015,《制度化:内涵、类型学、生成机制与评价》,《学术月刊》第3期。
约翰·汉尼根,2009,《环境社会学》,洪大用等译,北京:中国人民大学出版社。
詹姆斯·C.斯科特,2011,《弱者的武器》,郑广怀、张敏、何江穗译,南京:译林出版社。
詹姆斯·C.斯科特,2013,《农民的道义经济学:东南亚的反叛与生存》,程立显、刘建译,南京:译林出版社。

曾人泉、顾秉兰，1991，《废旧塑料回收利用》，《上海化工》第2期。
张芳芳、赵雪雁，2015，《我国农户生计转型的生态效应研究综述》，《生态学报》第10期。
张浩、涂国平，2019，《考虑偷排行为下的企业环境策略演化博弈——基于环境税收减征政策视角》，《北京理工大学学报(社会科学版)》第4期。
张婧璞，2020，《西藏渔民婚姻形态变迁动因研究》，《云南民族大学学报(哲学社会科学版)》第6期。
张坤民，2010，《中国环境保护事业60年》，《中国人口·资源与环境》第6期。
张世文，1991，《定县农村工业调查》，成都：四川民族出版社。
张彤、叶艳丽、王志亮，2018，《企业环境行为研究综述》，《财会通讯》第30期。
张毅、马冉，2017，《面向供应链的ENGO跨部门影响战略与驱动机制》，《中国行政管理》第6期。
张玉林，2006，《政经一体化开发机制与中国农村的环境冲突》，《探索与争鸣》第5期。
张玉林，2014，《环境问题演变与环境研究反思——跨学科交流的共识》，《南京工业大学学报(社会科学版)》第1期。
张朝辉、刘怡彤，2021，《退耕农户营林决策影响因素研究》，《林业经济问题》第3期。
张琢、马福云，2001，《发展社会学》，北京：中国社会科学出版社。
赵池、陈春逢，1992，《中国国情丛书——百县市经济社会调查》，北京：中国大百科全书出版社。
赵春琳、范英杰，2021，《企业绿色文化与环境绩效》，《财会通讯》第2期。
赵荔、苏靖，2019，《制度压力与中小企业亲环境：先前经验的调节作用》，《企业经济》第12期。
赵龙、杜建国、陈莉，2015，《多主体参与的企业环境行为仿真研究》，《科技管理研究》第3期。
郑杭生，2014，《社会运行学派轨迹：郑杭生自选集》，北京：首都师范大学出版社。
中共中央宣传部，2018，《习近平新时代中国特色社会主义思想三十讲》，北京：学习出版社。
中国塑料协会再生利用专业委员会，2016，《废塑料回收再生行业前景浅析》，《中国资源综合利用》第5期。
钟兴菊，2017，《地方性知识与政策执行成效——环境政策地方实践的双重话语分析》，《公共管理学报》第1期。
周生贤，2010，《积极探索中国环境保护新道路》，《学习与研究》第4期。
周生贤，2013，《我国环境保护的发展历程与成效》，《环境保护》第14期。
周雪光，2003，《组织社会学十讲》，北京：社会科学文献出版社。
周雪光，2012，《运动型治理机制：中国国家治理的制度逻辑再思考》，《开放时代》第9期。
周雪光，2017，《中国国家治理的制度逻辑》，北京：三联书店。
周雪光、艾云，2010，《多重逻辑下的制度变迁：一个分析框架》，《中国社会科学》第4期。
周雪光、练宏，2011，《政府内部上下级部门间谈判的一个分析模型——以环境政策实施为例》，《中国社会科学》第5期。
周雪光、练宏，2012，《中国政府的治理模式：一个“控制权”理论》，《社会学研究》第5期。
周英男、李振华，2014，《上市公司环境行为评价模型研究》，《中国人口·资源与环境》第S2期。

朱德米、刘小泉，2017，《国外公共部门协同创新研究及对我国的启示》，《南京社会科学》第 3 期。

朱庚申，2002，《环境管理学（第二版修订）》，北京：中国环境科学出版社。

二、外文文献

Adger W N. 2000. "Social and ecological resilience: are they related?" *Progress in Human Geography* 24(3):347-364.

Allen Blackman. 2008. "Can Voluntary Environmental Regulation Work in Developing Countries? Lessons from Case Studies." *Policy Studies Journal* 36(1):119-141.

Andrew Jordan, Rüdiger K W Wurzel, Anthony Zito. 2005. "The Rise of 'New' Policy Instruments in Comparative Perspective: Has Governance Eclipsed Government?" *Political Studies* 53(3):477-496.

Aragon-Correa J A, Sharma S. 2003. "A Contingent Resource-Based View of Proactive Corporate Environmental Strategy." *Academy of Management Review* 28(1):71-88.

Barkin J S. 2015. "Book Review Essay: Change in Global Environmental Governance." *Global Environmental Politics* 15(4):130-135.

Blanco E, Rey-Maquieira J, Lozano J. 2009. "The Economic Impacts of Voluntary Environmental Performance of Firms: A Critical Review." *Journal of Economics Surveys* 23(3):462-502.

Biglan A. 2009. "The Role of Advocacy Organizations in Reducing Negative Externalities." *Journal of Organization Behavior Management* 29(3-4):215-230.

Chris Ansell, Alison Gash. 2008. "Collaborative Governance in Theory and Practice." *Journal of Public Administration Research and Theory* 18(4):543-571.

Edward R C. 2014. "From description to explanation: Using the Livelihoods as Intimate Government (LIG) approach." *Applied Geography* 52(4):110-122.

Farrington J. 2001. *Sustainable livelihoods, rights and the new architecture of aid*. London: Overseas Development Institute.

Heijden J V D. 2015. "Regulatory failures, split-incentives, conflicting interests and a vicious circle of blame: the New Environmental Governance to the rescue?" *Journal of Environmental Planning and Management* 58(6):1034-1057.

Ho P, Edmonds R. 2008. *China's Embedded Activism: Opportunities and Constraints of a Social Movement*. New York: Routledge Press.

James C Scott. 1976. *The Moral Economy of the Peasant: Rebellion and Subsistence in Southeast Asia*. New Haven: Yale University Press.

Jong E B P, Kuipers, Kimberly. 2020. "Perceptions of Change: Adopting the Concept of Livelihood Styles for a More Inclusive Approach to 'Building with Nature'." *Sustainability, MDPI, Open Access Journal* 12(23):1-21.

Klassen R D. 1995. *The Implications of Environmental Management Strategy for Manufacturing Performance*. Doctoral dissertation, The University of North Carolina at Chapel Hill.

Palmer K, Oates Wallace E, Portney Paul R. 1995. "Tightening Environmental Standards: The Benefit-Cost or the No-Cost Paradigm." *Journal of Economic Perspectives* 9(4):119-132.

Parker C, Nielsen V L. 2009. "Corporate Compliance Systems: Could They Make Any Difference?" *Administration & Society* 41(1):3-37.

Petra Christmann, Glen Taylor. 2001. "Globalization and the Environment: Determinants of Firm Self-Regulation in China." *Journal of International Business Studies* 32(3):439-458.

Porter M, van der Linde C. 1995. "Toward a New Conception of the Environment-Competitiveness Relationship." *Journal of Economic Perspective* 9(4):97-118.

Russo M V, Fouts P A. 1997. "A Resource-Based Perspective on Corporate Environmental Performance and Profitability." *The Academy of Management Journal* 40(3):534-559.

Sanjay Sharma, Amy L Pablo, Harrie Vredenburg. 1999. "Corporate Environmental Responsiveness Strategies." *Journal of Applied Behavioral Science* 35(1):87-108.

S Popkin. 1979. *The Rational Peasant: The Political Economy of Rural Society in Vietnam*. Berkeley: University of California Press.

Schoon M, York A, Sullivan A, et al. 2017. "The emergence of an environmental governance network: the case of the Arizona borderlands." *Regional Environmental Change* 17(3): 677-689.

Segerson K. 1988. "Uncertainty and incentives for nonpoint pollution control." *Journal of Environmental Economics and Management* 15(1):87-98.

Selin H, Vandeveer S D. 2015. *European Union and Environmental Governance*. London: Routledge.

Selznick P. 1957. *Leadership in Administration: A sociological perspective*. Berkely, CA: University of California Press.

Smit E V T, Loë R D, Plummer R. 2015. "How knowledge is used in collaborative environmental governance: water classification in New Brunswick, Canada." *Journal of Environmental Planning and Management* 58(3):423-444.

Stefan Ambec, Philippe Barla. 2006. "Can Environmental Regulations be Good for Business? an Assessment of the Porter Hypothesis." *Energy Studies Review* 14(2):601-610.

Xue J, Zhao Z, Dai Y, et al. 2013. *Green Low-Carbon Development in China*. Sprin: Springer International Publishing Switzerland.

Zelezny Lynnette C, Poh-Pheng Chua, Christina Aldrich. 2000. "Elaborating on Gender Differences in Environmentalism." *Journal of Social Issues* 56(3):443-457.

附录

附录 1
村民访谈提纲

废旧塑料加工行业相关村民访谈提纲

一、环境认知与行为

1. 提到村里的“环境”,最先想到什么(环境构成)? 什么样的环境是好的?

2. 村里的环境情况如何? 近十年来有何变化? 如何看待这种变化?

3. 环境为什么是这样的?

4. 村里有哪些污染?(空气、土壤、水污染;生活垃圾、生产垃圾-工业垃圾)

5. 个人是如何防范污染的?

6. 村里的环境污染应该由谁来治理? 治理成本由谁来承担?

7. 对于当前乡镇和村里的环境治理措施有何看法和建议?

(1) 散煤治理 (2) 废旧塑料加工

二、废旧塑料加工

(一) 正在从事废旧塑料加工的村民

1. 为什么从事废旧塑料加工(缘起)? 时间?

2. 从事这一行业以来,经济、家庭分工、家庭生活方面有何变化?

3. 哪年发展最好,哪年最困难?

4. 国家环保要求提高,带来哪些变化?

5. 乡镇、村是如何治理的? 是否来做过工作? 过程是怎样的? 如何看待?

6. 自己/别人是如何应对治理/检查的?

7. 这一行业对自己的健康是否有影响? 为什么不选其他手工业/打工,为什么不转行?

(二) 不再从事废旧塑料加工的村民

1. 现在生计来源是什么? 为什么做此选择?

2. 为什么不再从事废旧塑料加工？

3. 从事时候的情况如何？时间、缘起、收入？

4. 当时和现在经济、生活情况有何不同？

5. 乡镇、村是如何管理的？是否来做过工作？过程是怎样的？如何看待？

6. 自己/别人如何应对治理/检查的？

7. 对现在生活的评价？

8. 如何看待仍旧从事这一行业的村民？

（三）从未从事废旧塑料加工的村民

1. 如何看待废旧塑料加工？是否是致富良方？是否有污染？对自己的生活有什么影响？

2. 从事和不从事的村民在收入、想法、做法、村内声望等方面有无区别？冲突事件？

3. 对现在的治理怎么看？村里（别人）的治理事件？是否该治？是否应该这么严格？

4. 别人如何应对治理/检查的？

三、家庭情况及劳动想象

1. 家里几口人？

序号	与被访者关系	年龄	职业和工作情况	备注
1				
2				
3				
4				
5				
6				

2. 家庭成员的分工是怎样的？

3. 什么样的职业是自己最满意的职业（收入、地域、强度、自由度、职业声望）？

4. 家庭经济在村内属于什么水平？家庭年收入大约________；在市里有、无房产；交通工具是：无、三轮车、电动三轮车、小汽车、其他；家电有：空调、电脑、电视。

四、地方性规范

1. 什么样的人是“明白人”？村里谁口碑比较好，为什么？谁的人缘不好，为什么？

2. 村干部必须遵守哪些规则(留活路、讲情面、内外有别)？举例。

五、基本信息

1. 性别:(男/女)。

2. 年龄:________。

3. 职务:村民/村干部(________)。

4. 电话:________。

5. 备注:________。

附录2
企业调查问卷

再生资源产业园区入驻企业调查问卷

一、企业基本信息

1. 您所负责的企业名称是________________

2. 企业成立的时间是________________年

3. 企业进入园区的时间是________________年

4. 企业的厂区编号是________________

二、企业法人信息

1. 您的性别是

(1) 男 (2) 女

2. 您的出生年份是________________年

3. 您的政治面貌是

(1) 中共党员 (2) 民主党派 (3) 群众 (4) 其他

4. 您的教育程度是

(1) 小学及以下 (2) 初中 (3) 高中或中专 (4) 大学本科或大专

(5) 研究生及以上

5. 您的户籍所在地是________市________区/县________街道/乡镇

6. 您的联系方式是________

三、企业经营情况

1. 企业场地是否由多家共用?

(1) 是,________家

(2) 否

2. 本家企业实际使用面积为________平方米

3. 企业整体占地面积为________平方米

【注:如多家共用,填写总面积】

4. 企业经营项目有________

5. 企业年均从业人数为________人

其中固定在岗人数为________人

其中临时工人数为________人

6. 所有企业人员中,来自稠村的有________人

来自槐村的有________人

来自楠村的有________人

来自定州市其他街镇的有________人

7. 企业年均产量约________万吨

8. 计件工人日均工资________元

9. 管理人员月均工资________元

10. 入园以来,污染处理设施总投入约________元

11. 入园之前从事行业与现在是否一致

(1) 是

(2) 否

入园之前从事的行业是________

转行时原因是

① 原行业收入不理想

② 塑料行业利润可观

③ 有亲戚朋友从事塑料行业

④ 其他________

12. 入园之前地理位置是________区/县________街道/乡镇

13. 入园之前厂区面积是________平方米

14. 入园之前年均从业人数是________人

15. 入园的原因是

① 园区宣传

② 村委鼓励

③ 乡镇鼓励

④ 环保治理

⑤ 其他________

16. 入园前后企业收入

① 大幅增加

② 略有增加

③ 基本不变

④ 略有减少

⑤ 大幅减少

17. 从事本行业时长________年

四、营商环境

1. 在企业与园区、政府、周边村民交往过程中，以下主体是否强势？

(1) 企业

①非常弱势　②比较弱势　③一般　④比较强势　⑤非常强势

(2) 园区

①非常弱势　②比较弱势　③一般　④比较强势　⑤非常强势

(3) 政府

①非常弱势　②比较弱势　③一般　④比较强势　⑤非常强势

(4) 周边村民

①非常弱势　②比较弱势　③一般　④比较强势　⑤非常强势

2. 企业受以下条件的影响程度如何？

(1) 国际贸易形势

①影响很大　②影响较大　③一般　④影响较小　⑤没有影响

(2) 中央政策

①影响很大　②影响较大　③一般　④影响较小　⑤没有影响

(3) 省厅政策

①影响很大　②影响较大　③一般　④影响较小　⑤没有影响

(4) 市局政策

①影响很大　②影响较大　③一般　④影响较小　⑤没有影响

(5) 乡镇管理措施

①影响很大　②影响较大　③一般　④影响较小　⑤没有影响

(6) 园区管理措施

①影响很大　②影响较大　③一般　④影响较小　⑤没有影响

3. 入园后是否有被周边居民不实举报？

(1) 是

(2) 否

附录 3
主要访谈对象基本情况

序号	访谈对象	性别	单位/职务	访谈主题/信息备注
市政府工作人员				
1	CSP	女	环保局副局长	当前环保局治理工作重点
2	TF	男	环保相关工作人员	环保局各个部门职能及工作程序
3	YYG	男	环保局办公室主任 （2020 年 8 月至今在任）	
4	YGF	男	环保局信息中心主任	科室职能及当前重点工作
5	ZX	男	环保相关工作人员	
6	YWF	男	环保局执法大队工作人员	
7	WYH	男	环保局监测站站长	
8	CYL	男	环保局环评科科长	
9	ZMS	男	环保局信访科科长	
10	YLG	男	环保局应急办工作人员	
11	WSM	女	环保局评估中心主任	
12	WYM	女	环保局生态办工作人员	
13	GHJ	男	环保局法规科科长	
14	CYM	男	大气办主任	
15	WJS	男	水污染防治科科长	
16	LJ1	男	环保局再生资源 基地所所长（2016 年在任）	
17	ZZL	男	椆村所在乡镇环保所工作人员	

（续表）

序号	访谈对象	性别	单位/职务	访谈主题/信息备注
18	MQ	男	椆村所在乡镇常务副镇长	废旧塑料加工治理工作重点难点
19	ZQM	女	楠村所在乡镇工作人员	
20	WCQ	男	椆村所在乡镇宣传委员	
21	HYX	男	椆村所在乡镇副镇长	
22	ZJZ	男	椆村所在乡镇主任	
村干部、村民、企业主及园区负责人				
23	ZJM	男	楠村村委书记	村内废旧塑料加工“散乱污”治理工作情况
24	JKJ	男	椆村村委书记	
25	CYJ	男	槐村村委书记	
26	TJ	男	再生资源基地副主任	园区情况介绍
27	LJ2	男	再生资源基地总经理（2017 年在任）	
28	HWX	男	再生资源基地总经理（2020 年 6 月至今在任）	
29	XN	男	再生资源基地工作人员	
30	LCX	女	椆村村民	综合超市老板（含儿媳）
31	CX	女	椆村村民	仍旧从事废旧塑料运输（含丈夫、女儿）
32	JQG	男	椆村村民	未从事废旧塑料加工
33	CZP	男	椆村村民	仍旧从事废旧塑料加工，上门女婿（含其女儿）
34	JLD	男	椆村村民	搬入园区
35	LDS	女	椆村村民	原来从事，转行养马（含其儿子）
36	CGJ	男	椆村村民	原来从事，转行制鞋（含邻居大学生）
37	LJ	男	再生资源基地企业主	花泥生产
38	HY	男	再生资源基地企业主	塑料生产
39	MWC	男	再生资源基地企业主	塑料加工
40	ZYF	男	再生资源基地企业主	环保设备
41	ZLXJ	女	再生资源基地企业管理者	塑料加工

（续表）

序号	访谈对象	性别	单位/职务	访谈主题/信息备注
42	XSSL	男	再生资源基地企业管理者	塑料加工
43	YZC	男	双天园区总经理	园区情况介绍
44	PDX	男	双天园区企业主	汽车配件
45	DJK	男	双天园区企业主	儿童玩具
46	LHT	男	转行企业主	建材
47	LYL	男	转行企业主	建筑施工
48	GXF	男	槐村村民	曾从事废旧塑料加工
49	AZB	男	楠村村民	曾给作坊打工
50	LZY	女	楠村村民	曾给作坊打工
51	MJX	女	椆村废旧塑料加工企业主	单独厂房

后记

学术成果犹如历史长河中的标本，反映着所处时代发生的社会事实。学者则通过学术成果的书写，来传递所见所闻、所思所感。本书是一项关于中国华北农村环境污染治理的实地研究。坦白来说，最初的写作动机是择一“事件过程”完成学术训练的“必修课”，现在才意识到从丰富的田野素材中择取这一案例，不仅仅是出于研究技术的考量，亦是受到当前环境问题与治理实践的震撼。

2015 年 8 月我第一次跟随洪大用教授及项目组老师前往定州试调查，这一年年底京津冀及周边地区多次出现大范围连续雾霾天气，定州空气污染形势之严峻令我印象深刻。此后政府、社会、市场对大气污染防治给予了极大的关注，并采取了多项应对举措。总体来看，这项研究的底色其实是由以下宏观背景共同渲染而成的：一是随着工业化、城镇化、现代化的深入推进，长期累积的环境问题日益凸显；二是随着公众环境意识的不断提升，良好的生态环境成为美好生活需要的重要组成；三是随着生态文明建设纳入“五位一体”总体布局，中国进入目前为止“环境保护最严格”的时期。身处这样的时代，我不由得去想积微成著的环境顽疾是如何形成的、又该如何攻克，哪些人参与到这场战役中、又是如何战斗的。

“散乱污”企业治理是上述宏观背景下的小小缩影，对此我力求呈现河畔古村从农业生产转向工业生产后生态环境发生的巨变，描述环境变迁和生计转型对居民家庭收入、健康状况、社会交往等诸多方面的影响，分析兼具“环境友好”和“环境破坏”两种具有矛盾属性的生活方式形成过程，以及经营“散乱污”企业的合法性观念如何通过权力结构、关系网络不断巩固形成地方性文化。

尽管这项研究凝聚了我对环境社会学和社会治理研究的志趣与投入，汇聚了众多师友的支持、帮扶和期待，但是许多方面仍不完善，例如田野资料的挖掘深度不够，行文架构的技术手法青涩，特别是关于环境公平理论的思考还未成体系，期待拙著出版后读者和同仁提出建议以臻完善。同时，借此契机向一直以来关心和帮助我的各位师友表示诚挚的感谢。

感谢我的导师洪大用教授。洪老师是我从事环境社会学研究的引路人，老师的许多著述对本书的撰写有直接启发。得益于老师的严格要求和不断追问，本书稿才能够脱形于简单的感性认识，不断收敛、聚焦、深挖、反思，最终形成学术研究成果。跟随老师求学以来，每一次参加老师讲授的课程、聆听学术交流的观点、接受老师的教导、旁听老师对其他同门的指导，我都能得到启发。这样的例子不胜枚举。更为重要的是，四年的训练和潜移默化的熏陶，帮助我形成了学习和研究的基本取向——参与和感受真实的社会情境，如实并客观地反映社会事实，探索社会现象的一般性规律，对社会学充满热情也心存敬畏。

感谢我硕士期间的导师冯仕政老师。我深深记得在本研究初始时研究问题几经易稿依然难以成立，我既不肯放弃理论框架又无法联系田野实际，进退无路僵持在原地动弹不得，那大概是目前为止最为绝望的体验。冯老师一边鼓励宽慰，一边指出“大盆扣蛤蟆”的问题所在，一边提出“田野驱动”的解决方案，帮助我渡过难关，也教会我如何面对研究中的进退维谷。向冯老师学习期间，从写作技巧到“先完成后完美”的工作方法，再到“体已及人”的处事方法，老师总是毫无保留地传授自己的经验心得，老师的诸多教诲至今想来都非常受用，点点滴滴都值得铭记。每当在学习或工作上有些许收获时，我心里总是想到冯老师，想与冯老师分享。

感谢肖晨阳老师。在提出研究问题、搜集田野资料、搭建分析框架、草拟写作提纲的过程中，我几乎每周都会与肖老师讨论，肖老师给予了我许多指导和建议，也给予了我许多肯定和鼓励。他总在我迷茫的时候提醒我回到研究的“初心”，总在山穷水尽的时候让我看到柳暗花明。在本书成形过程中还有许多师友提供了专业指导和情感支持，在此一并致谢，他们是：黄家亮、陆益龙、郝大海、刘少杰、王水雄、李路路、谢桂华、黄盈盈、郭星华、唐军、麻国庆、时立荣、龚维斌等老师；刘凌、杨峥威、朱展仪、周盼、范叶超、吴柳芬、房莉杰、龚文娟、石超艺、陈涛、唐颖、卢春天、童志峰、马国栋、罗桥、张斐男、孙莹、曲天词、王飞、胡溢轩、何钧力、江沛、谭芷晔、郭晗潇、赵国栋、梁健、顾海娥、刘幼迟等同门。

特别感谢在田野调查时给我很多帮助的县、乡、村相关工作人员。特别是环保局前办公室主任，在我结束实习后依然为我答疑解惑、查找资料，提供一切力所能及的帮助，我们也因此成了好朋友。在他们身上，我看到了基层干部的不懈追求和“环境保护最严格”时期环保人的担当与坚韧，同他们一起工作和生活，我觉得即便这一研究没有实现宏大的学术抱负，但是能够成为环保人和基层干部拼搏不息的脚注，也是有意义的。此处虽出于隐私保护不能明确提及姓名，但是感谢的心情却丝毫不少。

感谢我的父母对我的养育、教导和无私付出，使我能够没有后顾之忧地完成学业。感谢郭晓青、张文潇、董亭月、周悦、贾宇等挚友给予我弥足珍贵的精神慰藉和行之有效的良言建策。

纸短情长，祝愿所有给予过我帮助的恩师、前辈、亲人、学友和小伙伴身体康健、诸事顺意！

李　阳

2021 年 5 月